KB073304

말투를
바꿨더니

아이가
공부를
시작합니다

말투를 바꿨더니 아이가 공부를 시작합니다

아이를 서울대에 보낸 부모가
20년간 정리한

정재영 · 이서진 지음

저자의 말

성적도 올리고 행복감도 높이려면, 어떻게 말해야 할까요?

부모가 어떻게 말해야 자녀가 기쁘게 공부할까요? 아이에게 어떤 말을 해줘야 성적도 오르고, 마음도 행복하게 만들 수 있을까요?

모든 부모들이 집을 팔아서라도 알아내고 싶은 황금 같은 비법입니다. 저희 부부도 아이가 어렸던 20년 전부터 간절히 알고 싶었습니다. 두루뭉술한 추상적 조언들이 많고 많았지만 도무지 성에 차지 않았습니다. 구체적으로 어떤 단어와 표현을 써야 아이의 마음을 움직일 수 있는지 누가 가르쳐주면 큰절이라도 할 것 같았습니다.

하지만 속 시원하게 정보가 많지 않아서 저희 부부가 직접 궁리하고 공부해야 했어요. 제법 성실하게 그리고 간절한 심정으로 알아낸 것들을 업데이트하고 개선해서 이 책에 담았습니다. 황금 같은 기적의 비법일 수는 없지만 그래도 자녀의 성적과 행복 문제 때문에 매일 노심초사하는 부모들과 공유하고 싶은 마음입니다.

저희가 모범적이고 훌륭한 부모인 것은 아닙니다. 이미 고백도 했습니다. 전작인《왜 아이에게 그런 말을 했을까》는 저희 부부가 실질적으로 공동 작업을 해서 쓴 책입니다. 부제가 책 내용을 잘 요약합니다. '아이를 서울대에 보내고 나서 뒤늦게 시작한 부모 반성 수업'이 그것입니다.

아이가 대학에 진학한 후에야 아이에게 얼마나 많은 상처를 줬는지 깨닫게 되었습니다. 마음의 장벽을 매일 매일 높이 쌓았다는 사실도 대입 전쟁이 끝나고서야 알았습니다. 아이에게 눈물 나게 미안했습니다. 후회도 깊었습니다. 그런 마음을 최대한 솔직하게 담아 쓴 책이《왜 아이에게 그런 말을 했을까》입니다. 분에 넘치는 독자들의 호평을 받았습니다. 감사했습니다. 그런데 몇몇 독자께서 의미 있는 문제 제기를 하더군요.

이렇게 요약할 수 있습니다. "아이가 공부에 게을러도 무작정 품어주는 게 좋은 부모일까요? 갈등을 감수하더라도 아이가 공부에 몰두하게 설득해야 한다고 봅니다. 높은 성적과 성공적인 대입도 아이 삶에서 중요하니까요."

당연히 동의합니다. 저희가 과거로 돌아간다고 해도 아이의 성적을 포기하지 않을 것입니다. 아이에게 동기와 용기와 책임감을 심어주려고 끈기 있게 노력할 게 분명합니다. 그런데 저희 부부가 실제로 행했던 것보다는 훨씬 좋은 방법을 택할 것입니다. 두 가지 기준이 있습니다.

먼저 정확하고 섬세한 말로 아이를 설득해야 합니다. 모호하거나 상투적인 말을 하면 듣는 아이가 지루해하고 효과도 낮습니다. 메타 인지, 자기 통제력, 목표 의식, 집중력 등을 높일 최적의 단어와 표현을 골라서 말해야 성적을 올릴 수 있습니다. 여기에 더해서 따뜻해야 합니다. 아이의 입장을 최대한 살피고 상처는 최소화하는 말을 선별해서 건네야 하는 것이죠. 자기 긍정과 자기 존중 등 행복한 마음이야말로 높은 성적의 필수 조건이니까요. 그렇게 '효과적이면서도 따뜻한 공부자극법'을 소개하는 것이 이 책의 목표입니다.

처음의 질문으로 돌아가 보겠습니다. 부모가 어떻게 말할 때 자녀가 즐겁게 공부할까요? 행복감을 해치지 않으면서 '열공' 세포를 깨우는 방법은 무엇일까요? 세상의 모든 부모처럼 저희 부부도 간절히 알고 싶었습니다. 아이에게 동화책을 읽어줄 때부터 20년 가까이 뇌리를 떠나지 않은 숙원이었습니다.

저희 부부의 고민과 경험이 책의 바탕이지만, 저희가 과거에는 몰랐거나 알았어도 실천하지 못해서 안타까운 내용도 책에 포함되어 있습니다. 그리고 개인의 경험에 갇히지 않으려고 노력했습니다. 시야를 넓혀서 해외 유명 연구자들의 조언에 주목한 이유입니다. 또 수능이나 사법고시 등 여러 시험에서 특출한 성적을 거둔 이들의 값진 체험담도 소개했습니다.

우리 아이들은 소중합니다. 시간은 되돌릴 수 없습니다. 아이들이 공부도 잘하고 마음도 행복해지도록 이 책이 돕는다면 기쁘겠습니다.

목
차

튼튼한 성장 엔진을 달아주세요

'강요' 말고 '당부'해주세요

감정을 다독여야 공부에 몰입해요

멀리 있는 목표를 끌어당겨주세요

완전한 몰입에 이르도록 해주세요

효과적 공부법을 찾게 해주세요

슬럼프에서 탈출하도록 도와주세요

시험을 앞둔 아이에게 말해주세요

유혹을 이기는 습관을 길러주세요

스스로 출발점에 서게 해주세요

안타깝게도 한국 사회에서 부모의 역할은 모순적이고 이중적입니다. 때로는 아이에게 멀고 먼 목표를 보라고 말해줘야 합니다. 중장기적 목표를 가져야 오늘의 스트레스를 이겨낼 수 있으니까요. 그런데 아이가 시작조차 못하고 있을 때는 부모가 코앞만 보라고 말해줘야 합니다. 멀고 먼 길을 보고 있으면 기운이 떨어지니까 당장 할 일만 신경 쓰자는 이야기죠. 오늘 할 일만 생각하면 공부 시작을 못하고 주저하는 일이 줄어들 겁니다.

공부 시작을 못하는 아이에게

"다섯 페이지만 읽어볼까?"

많은 아이들이 책상 앞에 앉아도 공부를 시작하지 못합니다. 할 게 너무 많은 게 흔한 원인입니다. 해야 하는 공부가 산더미처럼 많은 게 보이니까 마음이 무거워서 시동을 걸지 못하는 것이죠.

이럴 때는 시야를 좁히라고 조언하는 게 좋습니다. 해야 할 산더미 같은 공부의 전체는 신경 쓰지 말라고 말하면 됩니다. 올라야 하는 수천 개의 계단을 다 보지 말고, 바로 눈앞에 있는 계단 10개에만 집중하도록 하는 것입니다.

"가장 쉽고 작은 것부터 시작해보자."

"우선 다섯 페이지만 읽어볼까?"

"100층까지 오를 걱정하지 마. 일단 계단 10개만 올라간다고 생각해."

누구나 한 계단씩 오를 수밖에 없습니다. 모두 회피할 수 없는 삶의 규칙입니다. 초등 1학년이건 고등 3학년이건 다 똑같습니다. '할 수 있는 작은 일'부터 시작하는 것으로 충분합니다. 그렇게 가르치면 아이가 전전긍긍하면서 공부 시작을 못하는 일이 줄어듭니다.

안타깝게도 한국 사회에서 부모의 역할은 모순적이고 이중적입니다. 때로는 아이에게 멀고 먼 목표를 보라고 말해줘야 합니다. 중장기적 목표를 가져야 오늘의 스트레스를 이겨낼 수 있으니까요. 그런데 아이가 시작조차 못하고 있을 때는 부모가 코앞만 보라고 말해줘야 합니다. 멀고 먼 길을 보고 있으면 기운이 떨어지니까 당장 할 일만 신경 쓰자는 이야기죠. 오늘 할 일만 생각하면 공부 시작을 못하고 주저하는 일이 줄어들 겁니다.

한편 공부 시작을 가로막는 또 다른 생각이 있습니다. 준비를 완벽히 한 후에야 시작할 수 있다는 오해입니다. 달리기 시합이 시작되었는데 계속 스트레칭을 하는 격이죠. 이런 경우 필요한 것은 시어도어 루스벨트Theodore Roosevelt(미국의 26대 대통령)의 격언입니다.

"지금 위치에서, 지금 있는 것으로, 할 수 있는 일을 하라."

지금 당장 시작하면 되는 겁니다. 더 많은 준비가 되도록 기다릴 이유가 없어요. 내가 가진 것을 활용해서 내 위치에서 당장 시작하는 게 시간을 절약하고, 성과를 높이는 길입니다.

'너무 늦었다'는 생각 때문에 공부를 접어버리는 아이들도 적지 않습니다. 실제로 공부 시작이 늦는 아이들이 많습니다. 고3이 되기 전까지 놀면서 시간을 보낸 경우죠. 시험이 3일 앞에 닥치고 난 후에야 정신이 번쩍 들어서 공부를 시작하는 경우도 마찬가지입니다. 이런 때는 결과를 생각하지 말라고 말해줘야 합니다.

"점수가 몇 점 나올지 걱정 마라. 걱정하면서 남은 3일을 허비 말자."

"결과는 아무도 모른다. 오늘 해야 할 공부만 하면 된다."

"하루살이가 되자. 미래를 싹 잊고 오늘만 열심히 살자."

결과 걱정이 공부를 방해합니다. 늦게 시작한 아이일수록 미래의 결과에 대한 불안이 큽니다. 그런 걱정과 불안을 머릿속에서 씻어내야 공부할 수 있습니다. 시작이 늦었으니 하루살이가 되어야 합니다. '오늘만 생각하겠다'고 결심한 아이가 공부의 첫걸음을 가볍게 뗍니다.

공부를 잘하려면 어린 나이에도 자기 마음을 잘 다스려야 합니다. 결과 문제만 해도 그렇습니다. 결과를 걱정하기 때문에 사람은 오늘을 성실하게 삽니다. 하지만 결과에 대한 걱정이 심하면 오늘을 망가뜨리게 됩니다. 아이나 어른이나 같아요. 미래의 결과를 걱정하면서도 동시에 무관심해야 합니다. 목표를 간절히 여기면서도 자주 잊어야 합니다. 시즌 MVP의 꿈은 잠시 잊어버리고 투수의 공에만 온통 집중하는 야구 선수처럼 말입니다. 공부 고통을 잘 견디는 아이들은 마음 다스리기의 천재들입니다.

메타인지력을 높이는 질문

"어떻게 공부해야 잘 돼?"

좋은 학부모가 되려면 천재적 두뇌라도 필요한 것일까요? 자녀 교육법을 공부하는 부모는 참 까다로운 개념도 마스터해야 합니다. '메타인지'도 중요하면서 난해한 개념입니다. 저희도 조금 암담했습니다. 그 까다로운 개념을 이해해야 자녀의 성적이 올라간다니 막막했던 게 사실인데 그래도 해법을 찾았습니다. 이렇게 생각하면 간단합니다.

메타인지 = 나의 생각에 대해 생각하기

메타인지는 '내 생각에 대해 생각하기'입니다. 대단하지 않습니다. 생소한 것도 아닙니다. 누구나 메타인지를 합니다. 예를 들어보겠습니다.

1) 나는 낯선 사람 앞에서는 아이디어가 안 떠오른다.

2) 나는 조용한 음악을 들으면 집중력이 좋아진다.

3) 나는 배부르면 아무 생각도 하기 싫다.

내 사고의 장단점이나 특징을 설명한 문장들입니다. 누구나 쉽게 하는 말인데 저런 말을 했다면 이미 '내 생각에 대해서 생각'한 것입니다. 즉 메타인지를 했다는 것이죠.

메타인지 능력은 삶에서 중요합니다. '나는 긴장하면 잘 잊는다'는 사실을 깨달을 수 있다면 긴장 풀기 연습을 해서 상황을 호전시킬 수 있습니다. 또 '내가 외모에 대한 편견이 강하구나'라고 깨달은 사람은 이미 편견에서 벗어날 계기를 얻은 것입니다.

메타인지를 해야 내 생각이 발전합니다. 메타인지를 통해서 사고 능력과 인지 수준을 높일 수 있습니다. 결국은 다 같은 말입니다. 메타인지를 해야 즉 자기 생각에 대해 생각해야, 생각 능력이 좋아집니다.

메타인지력은 학습 능력과도 긴밀한 연관이 있습니다. 학습 관련 메타인지의 예를 들어보겠습니다.

1) 나는 국어 중에서 글의 주제 파악이 가장 어렵다.

2) 나는 영어 문법 중에서 가정법 문제에 강하다.

3) 나는 수학 시간만 되면 어려워서 상상에 빠진다.

내가 공부에서 무엇이 약하고 무엇에 강한지 생각하고 말한 문장들입니다. 내 생각에 대해서 생각하고 한 말이죠. 메타인지 표현들입니다. 학습 관련 메타인지력이 왜 중요할까요. 자신의 학습 능력이나 습득 수준을 알아야, 발전이 이루어집니다. 문제점을 고치고 어려움을 극복할 수 있으며 결국에는 모든 부모들이 소망하는 그것, 즉 성적 향상에 이를 수 있다고 전문가들은 강조합니다.

자녀의 학습 메타인지력을 높여줘야 합니다. 가장 효율적인 방법은 질문입니다. 메타인지력을 높일 수 있는 질문을 해야 하는 것입니다. 여기서는 미국 예일 대학교가 추천하는 질문을 소개하겠습니다.

예일 대학교에 '예일 프어부 센터Yale Poorvu Center'라는 곳이 있습니다. 예일 대학교 구성원들에게 효율적인 학습법을 알려주는 조직인데, 메타인지력를 높이기 위한 여러 가지 질문을 추천합니다[1]. 다소 복잡한 내용을 정리해보면 질문은 두 종류입니다. 각각 학습 내용과 학습 방법에 대한 질문입니다. 이해하기 쉽게 한국화해서 소개하겠습니다.

수업을 마친 아이에게 학습 내용에 대해서 물어보면 좋습니다. 뭘 배웠고, 어땠는지 물어보는 것입니다.

"수업에서 새로 알게 된 게 뭐야?"

"이미 알고 있던 내용은 뭐야?"

"가장 어려운 것은 뭐였어?"

"이해가 잘 되는 내용은 뭐지?"

"네가 더 공부해야 하는 건 뭐지?"

자녀의 학습 메타인지력을 높여줘야 합니다.
가장 효율적인 방법은 스스로 질문하고 답하는 것입니다.

다 물어보라는 것이 아닙니다. 한두 가지만 물어도 됩니다. 요점은 두 가지입니다. 우선 수업을 통해 내가 무엇을 배웠나 생각하게 만드는 겁니다. 즉 내 생각에 대해서 생각하게 되는 것이죠. 메타인지 훈련입니다.

두 번째로 아이가 자기 질문을 하는 게 최종 목표입니다. 학습 내용에 대해 아이 스스로 질문하고 답하게 되면 그보다 좋은 일은 없을 겁니다. 가령 '내가 배운 것 중에서 어떤 것은 이해가 잘 되고, 어떤 것은 어렵다'고 스스로 판단하는 아이들은 성적이 올라가게 됩니다.

초등학교 저학년 때도 비슷한 질문을 할 수 있습니다. 책을 읽은 아이에게 이렇게 물어보면 됩니다.

"책을 읽으니까 뭘 알게 됐어?"

"이 책에서 가장 어려운 게 뭐였어?"

"책을 읽으면서 기분이 어떻게 달라졌어?"

"이 책 덕분에 행복해졌다는 뜻이니?"

"이 책 재미있었어?"는 단순한 질문입니다. 책을 읽는 동안 아이에게 어떤 마음이 생겼고, 또 어떤 생각이 들었는지 물어보는 질문이 좋습니다. 아이가 자기 생각의 변화에 대해서 생각하게 될 겁니다. 메타인지를 하게 되는 것이죠.

이제 예일대가 추천하는 메타인지 향상 질문의 두 번째 종류로 넘어가겠습니다. 앞에서는 학습 내용에 대해서 봤는데, 이번에는 학습 방법에 대한 질문입니다. 아래는 예일대가 제시한 질문에 우리 상황에 맞는 질문을 더한 것입니다.

"너의 공부법 중에서 가장 효율적인 것은 뭘까?"
"어떻게 하면 집중이 더 잘 돼?"
"어떤 경우에 시간만 낭비하게 돼?"
"그 어려운 문제를 어떻게 맞혔어? 설명 좀 해줘."
"어떤 방법으로 복습해야 할까?"
"어떻게 해야 암기가 잘 될까?"

좋은 공부법과 나쁜 공부 습관에 대해서 물어보는 질문들입니다. '이럴 때 나는 공부가 잘 되고, 저렇게 하면 시간만 낭비하는구나'라고 깨달은 아이는 성적 향상 확률이 아주 높을 겁니다. 아무 생각 없이 무턱대고 공부만 하는 아이는 비효율적이게 될 것이고요.

위에 소개한 질문들을 응용해서 많이 물어볼 것을 추천합니다. 학습 내용과 학습 방법에 대해 생각하는 능력이 강화될 것입니다. 단, 아이가 압력이나 간섭으로 느끼지 않게 조심해야 해요. 즉답을 강요해도 부작용이 있을 겁니다. 답하지 않더라도 아이가 홀로 궁리하고 판단할지도 몰라요. 가장 느린 것이 가장 빠릅니다. 여유를 갖고 천천히 접근하는 게 좋겠습니다.

계획부터 스스로 짤 수 있게

"뭘 먼저 해야 할까?"

앞에서도 설명했듯이 메타인지는 '자신의 생각에 대한 생각'입니다. 예를 들어서 "내가 뭘 생각하고 있지?" "내가 뭘 알고 있지?" "내가 뭘 모르고 있지?"라고 물을 때 우리는 자신의 생각에 대해 생각합니다.

메타인지 능력이 높으면 공부를 잘한다는 게 전문가들의 지배적 의견입니다. 메타인지력을 높이는 방법은 여럿이지만, 질문이 효율적입니다.

시험을 친다고 해볼까요. 시험의 전후를 기준으로 3단계로 나눌 수 있습니다. 시험 전 계획 단계, 시험공부 단계, 시험 후 평가 단계로 구분할 수 있죠. 각 단계별로 필요한 질문들이 있습니다.

영국 케임브리지 대학교의 교육 사업 기관 CAIECambridge Assessment International Education 홈페이지에서 소개한 자료[2]를 중심으로 소개하겠습니다.

단계	메타인지력을 높이는 말습관
시험 계획 단계	가장 먼저 뭘 해야 할까? 몇 등을 목표로 해야 할까?
시험공부 단계	시험 준비를 잘하고 있나? 더 잘하려면 어떤 방법이 있지? 누구에게 도움을 청해야 할까?
시험 평가 단계	시험을 잘 본 이유는 뭘까? 더 잘할 수 있는 방법은 뭐지? 다음에도 이렇게 하면 될까?

아이가 위의 여덟 가지 질문을 스스로 던지고 답할 수 있다면 대단한 수준의 메타인지력을 가진 것입니다. 밭을 면밀히 살피면서 거름도 주고 잡초도 뽑아주는 농부처럼, 아이가 자기 머릿속을 들여다보면서 필요하거나 고칠 것을 찾아내고 있습니다. 당연히 수확이 좋아질 것입니다.

아이 스스로 질문하는 수준에 도달하지 못했다면 부모가 도움을 줄 수 있습니다. "시험 준비를 하려면 무엇을 가장 먼저 해야 할까?"라고 물어보세요. 아이는 자신의 상황을 점검하고 계획을 세우고 우선순위를 정할 겁니다. 또 "몇 등을 목표로 해야 할까?"라고 물어보세요. 아이가 현실적인 목표를 갖도록 도울 것입니다.

시험공부를 하는 단계에서는 "이걸 알려면 누구에게 도움을 청해야 할까?"라고 물어보세요. 아이는 "선생님이나 친구에게 물어보면 되겠다"고 답할 겁니다. '어려우면 어디서 어떤 도움을 받을 수 있구나'라고 깨닫고, 다음에도 어려움을 수월히 이겨낼 것입니다.

시험이 끝난 후에도 질문하세요. "이번 시험을 잘 본 이유가 뭐지?"라고 물으면, 아이는 어느 문제집이 좋았다거나 선생님 말씀을 잘 들은 것이 도움이 되었다고 답할 겁니다. 좋았던 공부 방법은 다음에도 유지할 것입니다.

부모가 질문을 던지고, 나중에는 아이 스스로 묻도록 부드럽게 격려하세요. 아이의 메타인지력이 높아지고 학습 능력도 향상될 것입니다.

혹여 성적이 오르지 않는다고 해도 이미 큰 이득입니다. 자신에 대해 분석하고 생각하는 능력이 인생을 든든하게 떠받칠 테니까요. 자기 성찰 능력이 곧 인생 성공의 비결입니다.

언어력은 공부력의 기본

"누가, 무엇을, 어디서, 어떻게?"

언어 능력이 인생의 많은 걸 결정합니다. 언어 능력이 뛰어나면 인간관계가 건강합니다. 자기 의사나 감정을 정확히 표현할 수 있기 때문이죠. 높은 언어 능력은 직업 생활도 편하게 합니다. 일은 대부분 말로 이루어지기 때문입니다. 또 언어 능력이 뛰어나면 무엇보다 학습 능력이 높아집니다.

어떻게 하면 어린아이의 언어 능력을 높일 수 있을까요. 독서가 좋다고 하죠. 책 안에는 단어와 표현들이 가득합니다. 게다가 재미있는 소재를 다루니 아이들이 빠르게 흡수할 것입니다. 부모와 아이가 크게 소리를 내면서 읽는 것도 재미나 학습 효과를 높인다고 합니다. 그리고 도서관을 자주 찾는 것도 효과적입니다. 도서관을 자주 가는 아이가 언어 능력이 좋다는 연구 결과가 있습니다.

또 부모가 동의어와 반의어를 많이 알려주면 아이의 어휘력 향상에 큰 도움을 줍니다. 가령 똑똑하다, 현명하다, 머리가 좋다, 영리하다, 슬기롭다, 지혜롭다 등이 비슷한 말입니다. 어리석다, 둔하다 등의 반대말도 있고요. 단어를 묶음 또는 계열 속에서 익히면 어휘력과 표현력이 높아집니다.

그리고 추상적인 뜻의 단어를 알려주는 것도 중요하다고 합니다. 구체적 사물의 이름을 배우는 것이 우선이지만, 성장하면 손에 잡히지 않는 것의 이름도 의식적으로 가르치는 게 좋습니다. 우정, 의미, 신념, 신뢰, 자부심, 자기 사랑, 정의 등 추상적 단어들은 그 뜻만 알아도 마음의 힘이 됩니다.

아직 중요한 게 남아 있습니다. 아이의 언어 능력을 높이기 위해서는 무엇보다 부모와의 대화가 꼭 필요합니다. MIT와 하버드 등의 뇌 과학자들이 공동 연구를 통해 2019년 밝힌 바로는[3], 어린이에게 말을 해주는 것만으로는 부족합니다. 어른과 아이가 말을 '주고받아야' 합니다. 주거니 받거니 대화를 할수록 어린이들의 언어 능력 즉 표현력, 어휘력, 문법 습득 능력 등이 높았다는 것입니다.

위의 연구를 주도했던 레이첼 로미오Rachel Romeo(MIT 박사 과정, 뇌·인지 과학)는 아이와의 대화에는 세 가지 단계가 있다고 말합니다.

첫 번째로 아직 말을 못하는 유아와의 대화가 있습니다. 그 연령 때에는 웃음과 흥미로운 소리를 주고받는 것만으로 대화가 됩니다.

두 번째로 걸어 다니기 시작한 아이와 대화가 가능합니다. 아이가 말하는 단어를 엄마가 따라서 반복해주는 것도 대화입니다. 또 불완전한 문장을 완성시켜 주는 것도 좋습니다.

세 번째로 말을 제대로 하는 아이에게는 주고받는 대화를 많이 해야 합니다. 아이의 언어와 사고 능력을 키우는 것이 대화이기 때문입니다.

그런데 연구자가 특히 추천하는 질문이 있습니다. '누가, 무엇을, 어디서, 어떻게' 했는지 질문하는 것이 좋다고 합니다. 물론 여기에 "왜"를 추가해도 괜찮을 겁니다.

"누가 어떻게 했어?"
"무엇을 어디서 그랬어?"
"누가 어디서 왜 그랬어?"

이런 질문에 아이가 대답하려고 애를 쓰다 보면 시공간을 뛰어넘는 고차원적인 사고 능력을 기르게 됩니다. 언어 표현력도 급상승할 것이고요. 부모의 질문이 아이의 지적 능력에 큰 영향을 끼칩니다.

자율적 공부 습관을 기르는 말

"언제 할 건지 알려줘"

부모의 속이 불타오릅니다. 숙제가 쌓여 있는데 초등학생 아이가 노느라고 정신이 없기 때문입니다. 이럴 때 아이를 책상 앞에 앉히는 가장 평범한 방법은 압박입니다. "숙제해라. 빨리!"라고 외치는 겁니다. 90% 이상의 부모들이 이 방법을 택합니다.

아이가 숙제에 집중할 확률은 낮아요. 끌려가거나 떠밀리는 느낌이 싫어서입니다. 인간이라면 누구나 이런 타율적인 상황에서는 열정을 잃기 쉽습니다. 아이는 초점 잃은 시선으로 의자에 앉아 있겠죠.

이제 부모는 2차 압박을 가합니다. "8시까지 끝내지 않으면 혼난다!"라고 불을 뿜듯이 포효합니다. 역시 90% 이상의 부모들이 이런 모습을 보입니다. 저희 부부라고 다르지 않았습니다. 압박하고 겁주면서 공부를 시켰습니다. 효과는 높았어요. 아이는 후다닥 책상으로 가서 정해진 시간까지 숙제를 끝냈습니다.

그런데 이렇게 공부를 시키면 나중에 더욱 어려워집니다. 중학생만 되어도 부모의 간섭에 굴복하지 않습니다. 그즈음부터는 아이가 알아서 공부를 해야 하는데, 자율적인 학습 경험이 부족한 아이는 공부하지 않기로 자율적으로 선택해버립니다. 고등학교에 가면 더욱 그렇겠죠. 타율이 아니라 자율의 엔진이 아이 마음속에 있어야 합니다.

어떻게 해야 자율적으로 공부하도록 유도할 수 있을까요. 모든 부모들의 고민인데요, 미국의 저명한 육아·교육 전문 작가인 리사 리넬 올슨Lisa Linnell-Olsen이 한 매체verywellfamily.com에서 강조한 것이 눈길을 끕니다. 그는 "아이들에게 언제 숙제를 하고 싶은지 물어보세요"라고 합니다. 즉 이렇게 말하는 것입니다.

"숙제를 언제 시작할 건지 정해서 알려줘."

공부할 시간을 아이가 정하게 하는 겁니다. 아이는 자율성을 누리는 기분이 들 것입니다. 자신이 자기 인생의 주인이 되어 주도권을 행사한다는 건 기분 좋은 일입니다. 밝은 기분으로 공부할 여건이 됩니다. 응용 표현은 많이 있어요.

"시험공부 언제 시작할지 정해서 말해줘."
"몇 시간 공부할 건지 말해줘. 간섭은 하지 않을게."
"몇 시까지 TV를 볼 거야? 네가 결정해라."

그렇게 아이에게 결정권을 부여하면 아이의 책임감이 높아집니다. 스스로 공부할 가능성을 기대해도 되겠죠.

비슷한 내용의 칭찬을 해줘도 아이의 자율성을 높일 수 있습니다.

"너는 자율적으로 시간 관리를 잘한다."

"공부할 시간을 정하고 지키다니 대단해. 너는 인생에서 성공할 거야."

"자신이 결정해서 스스로 공부하는 것, 그게 자유야."

'자유', '성공' 등 긍정적 단어를 적절히 쓰면 아이가 호응할 겁니다. 이런 칭찬은 일석삼조의 효과가 있습니다. 아이에게 감동도 주고 자율성도 길러주며 공부도 열심히 하게 할 수 있는 것이죠.

정리해보겠습니다. 아이의 일생을 결정하는 것은 부모의 언어 습관입니다. 아이가 해야 할 공부를 하지 않고 놀고 있다면, 다음 두 가지 말 중에 무엇을 선택해야 할까요?

1) "뭐하고 앉았어? 빨리 공부해!"

2) "공부를 언제 시작할지 결정했니?"

당연히 '1'이라 말하고 버럭 소리를 지르고 싶겠지만, 꾹 눌러 참고 '2'라고 말해야 합니다. 그편이 옳고 효과도 높습니다.

'자유' 대신 '자율'을 부여하는 말

"선택은 네가 하는 거야"

미국의 리처드 라이언Richard Ryan 교수(미국 로체스터 대학교, 동기 부여 심리학)는 인간에게는 타고난 심리학적 욕구가 세 가지 있다고 말합니다[4]. 우선 인간은 타인과 연결되어 있다는 느낌을 원합니다. 두 번째로 자신에게 능력이 있다고 느끼길 바라며, 세 번째로 자율적인 존재가 되고 싶어 합니다. 요약하자면 인간의 기본 욕구는 유대감, 유능감, 자율감입니다.

공부를 열심히 하라고 압박하는 부모는 자칫하면 세 가지 기본 욕구를 억압할 수 있습니다. 예를 들어서 "이렇게 공부 못하면 넌 내 아들 아니다" "공부 못하면 친구들이 좋아하지 않아"라는 말은 유대감을 손상시킵니다. 또 "너는 바보냐?" "넌 왜 이렇게 게으른 거야?"라고 야단치면 아이의 유능감이 훼손됩니다. 또 "이제 하루 5시간 공부해라. 내가 시간 잴 거야. 내가 시키는 대로 해"라고 강압하면 자율감을 해치게 됩니다.

여기서는 자율감 또는 자율성에 대해서 이야기하려고 합니다. 부모도 다 알고 있을 겁니다. 공부의 모든 과정을 하나하나 시키는 부모는 아이의 자율성을 저해합니다. 반대로 아이의 선택권을 존중하는 부모가 아이의 자율성을 키우며 학습 능력까지 높여줍니다.

제르다 크로이셋Gerda Croiset 교수(네덜란드 밴더빌트 의과대학)의 지적이 저희는 인상 깊었습니다. 그가 2011년 발표한 논문[5]에서 나쁜 말로 제시한 것들은 다음과 같습니다.

"이걸 꼭 배워야 해."

"이건 의무야."

"성공하려면 이걸 배워야 해."

"이걸 하면 좋은 걸 사줄게."

강압 혹은 유인의 말입니다. 안 하면 안 된다고 억누르거나, 미끼를 이용해 아이를 통제하려는 작전인 것이죠. 문제는 자율성을 해칩니다. 아이를 수동적인 존재로 만드는 것입니다. 멀리 보면 결국 자기주도적 공부를 할 수 없게 사람 것입니다.

대신 선택권을 존중해야 합니다. 크로이셋 교수가 추천하는 말들은 이렇습니다.

"당연히 네가 선택할 수 있어."

"이걸 배우면 좋아."

"이것을 공부하면 다른 단원의 내용을 쉽게 이해할 수 있어."

부모가 추천은 하지만 선택은 네가 할 수 있다는 것입니다. 자녀의 선택이 우선순위이고, 부모의 추천은 2순위라는 약속이라고 할 수도 있습니다.

맞습니다. 아이에게 선택권을 주고 자율성을 살려줘야 합니다. 그런데 문제가 있습니다. 알기는 알겠는데 현실에서는 그런 이상론을 따르기 힘듭니다. 당장 공부를 하지 않으면 시험 점수가 하락하고 내신이 떨어집니다. 자율성을 누리면서 학창 시절을 보내게 하면 아이의 미래가 어두워질까 부모는 불안해집니다. 그래서 자율성을 주지 못하고 강압을 선택하게 됩니다.

저희 부부도 아이를 억압했습니다. 겁도 주고 야단도 쳤습니다. 유능감과 연대감을 해칠 말도 흔하게 썼어요. 하지만 아주 가끔이라도 괜찮은 말을 해줬던 기억이 납니다. 공부하기 싫어하는 아이를 위해 저희가 고민 끝에 만들어낸 멘트입니다. 저희 생각에는 최대한 '예의 바르게' 자율성을 침해하는 말입니다.

"누구나 의무가 있어. 해야 할 일도 있고. 아빠와 엄마는 돈을 벌고 아이를 부양한단다. 이건 자랑이 아니야. 의무지. 너의 의무도 있어. 그게 무엇일까? 한번 정해봐. 너 스스로 의무를 정했으면 좋겠어. 무언가를 열심히 해야 한다. 수학이어도 좋고 독서여도 상관없어. 너는 무엇을 할 거니? 네가 골라봐라."

"네 인생의 주인은 바로 너야. 뭐든 네가 선택할 권리가 있어. 그런데 네가 너의 인생을 허비할 권리는 없어. 뭘 해도 좋아. 시간을 허비하는 건 스스로 용납하지 마라. 게을러지는 너를 스스로 호되게 야단쳐야 해. 그렇게 해주겠니?"

물론 아이의 자율성을 존중해야 합니다. 하지만 허송세월하는 선택마저 존중할 수는 없습니다. 무계획, 무노력, 무개념으로 살겠다는 선택은 용인할 수 없다고 아이를 설득해야 합니다. 아이가 열심히 하는 걸 입증만 해낸다면 무엇을 하든 제한하지 않겠다는 마음으로 대화하면 좋은 결과를 얻을 수 있을 것입니다.

공부를 시작하게 만드는

부모 말투

"가장 쉽고 작은 것부터 시작해보자."

"지금 위치에서, 지금 환경에서, 할 수 있는 일을 해보자."

"시험 점수가 몇 점 나올지 걱정 마라.
걱정하면서 남은 날을 허비하지 말자."

"결과가 어떨지 아무도 모른다. 오늘 해야 할 공부만 하면 된다."

"오늘 수업에서 새로 알게 된 게 뭐야?"

"너의 공부법 중에서 가장 효율적인 것은 뭘까?"

"어떻게 하면 집중이 더 잘 돼?"

"숙제를 언제 시작할 건지 정해서 알려줘."

"공부를 언제 시작할지 결정했니?"

"자신이 결정해서 스스로 공부하는 것, 그게 자유야."

공부를 왜 해야 하는지 알려주세요

교육 전문가들이 거의 100% 동의하는 것은 외적 동기 때문에 공부하는 아이들은 끝이 좋지 않다는 겁니다. 어릴 때는 보상이 효과를 내지만 커갈수록 외적 동기는 무력합니다. 장난감 사고 싶어서 미분·적분을 공부할 아이는 없을 겁니다. 어려운 고학년 공부를 할수록 내적 동기가 강해야 합니다. '내가 성장하고 만족하기 위해 공부해야 한다'고 생각하는 아이들이 힘찬 기관차처럼 오래 달릴 수 있습니다.

내적, 외적 동기를 적절히 부여

"칭찬받으려고 공부하면 금세 지쳐"

행복한 상상을 해볼까요? 아이의 성적이 쑥 올랐습니다. 오랫동안 노력한 보람이 있었습니다. 엄마 아빠는 고맙고 기뻐서 돈 몇만 원을 상금으로 줍니다. 아니면 장난감을 사주거나 옷 선물을 할 수도 있을 겁니다. 명백한 사랑의 표현입니다.

그런데 이럴 때 부모가 아이에게 해를 끼치게 된다고 합니다. 교육 전문가 대부분이 그렇게 지적합니다. 돈이나 선물이 나쁜 동기가 될 수 있기 때문입니다.

사람을 움직이는 동기에는 두 종류가 있습니다. 내적 동기와 외적 동기가 그것입니다. 공부하는 이유가 자기 마음속에 있으면 내적 동기입니다. 자부심, 만족감, 성취감 등을 얻는 게 목적이라면 아이는 내적 동기에 따라 공부를 하는 것입니다. 아주 이상적인 모습이죠.

이렇게 말하면 내적 동기를 갖고 있는 아이입니다.

"용돈이나 선물은 관심 없어요. 공부가 좋아서 하는 거예요."
"나는 나의 잠재력을 완성하기 위해서 공부해요."
"공부하는 게 재미있어요."

반면 공부하는 이유가 밖에 있으면 외적 동기가 되죠. 외적 동기는 칭찬, 돈, 선물, 성공 등입니다. 또 꾸중을 피하려는 마음도 포함됩니다. 돈이나 칭찬을 원해서 공부하는 아이는 외적 동기에 의해 움직이는 게 됩니다. 외적 동기가 부여된 아이들은 이렇게 말합니다.

"엄마 아빠에게 칭찬받기 위해서 공부해요."
"열심히 해야 해요. 성적이 나쁘면 야단맞아요."
"성적이 오르면 용돈 준다고 해서 열심히 하고 있어요."
"또 1등 하고야 말겠어요. 친구들이 나를 높이 평가하는 게 좋아요."

위와 같이 말하는 아이는 자기 속의 내적 동기를 위해서 공부하는 게 아닙니다. 외부의 보상을 위해서 공부하는 것이니, 외적 동기가 부여된 상태입니다.

교육 전문가들이 거의 100% 동의하는 것은 외적 동기 때문에 공부하는 아이들은 끝이 좋지 않다는 겁니다. 어릴 때는 보상이 효과를 내지만 커갈수록 외적 동기는 무력합니다. 장난감 사고 싶어서 미분·적분을 공부할 아이는 없을 겁니다. 어려운 고학년 공부를 할수록 내적 동기가 강해야 합니다. '내가 성장하고 만족하기 위해 공부해야 한다'고 생각하는 아이들이 힘찬 기관차처럼 오래 달릴 수 있습니다.

이상은 교육 심리학의 공리 같은 것입니다. 모두 동의하는 것이죠. 그런데 현실은 좀 다릅니다. 공부를 잘하는 아이들도 대부분 외적 동기에 이끌립니다.

《공부의 신, 천 개의 시크릿》의 저자 강성태 씨가 '공신'이라 불리는 대학생들을 대상으로 설문 조사를 했습니다. 약 300명의 대학생들에게 "왜 공부했는가?"라는 질문을 했더니 여러 응답이 나왔는데요.

1위 미래의 꿈을 위해(18.6%), 2위 지기 싫었다(16.6%), 3위 주위의 시선·인정을 받기 위해(7.8%), 4위 배움을 통한 나의 발전(6.4%)으로 요약할 수 있습니다.

1위 '미래의 꿈'은 많은 경우 고소득 직업을 뜻하기 때문에 외적 동기에 가깝습니다. 2위와 3위는 조건 없이 명백한 외적 동기에 해당합니다. 남들을 이기기 위해서나 남들에게 인정받기 위해서 공부했다면 학습 동기가 내 마음 밖에 있는 것입니다.

옳건 그르건 이것이 현실입니다. 내적 동기(자부심, 만족감, 성장의 보람 등)를 갖는 게 이상적이지만 대부분의 아이들은 외적 동기(돈, 좋은 직업, 긍정적 평가 등)를 품고 공부 고통을 견딥니다.

부모들도 외적 동기를 선호합니다. 시험공부를 시작하지 못하는 아이를 보고 어떻게 해야 할까요. "너의 꿈을 실현하기 위해 공부해야 한다"도 이상적인 조언이지만 효과가 느립니다. "성적이 오르면 좋은 선물 줄게"는 효과가 빠릅니다. 부모들은 보통 후자를 택하게 됩니다.

그런데 외적 동기가 '절대악'은 아닙니다. '필요악'일 때가 많죠. 가령 외적 동기는 종종 내적 동기를 이끌어냅니다. 용돈을 준다니까 아이가 수학 공부를 열심히 했다고 쳐볼게요. 처음에는 싫었던 수학 공부에 재미를 붙이게 됩니다. 자신감도 생기고요. 이런 경우 용돈 보상이 좋은 결과를 맺었습니다. 외적 동기가 내적 동기의 마중물 역할을 한 것이죠.

또 "성적이 오르면 친구들이 널 부러워할 거야"라면서 독려하는 부모도 많습니다. 좋지는 않습니다. 저 말에는 "성적이 떨어지면 친구들이 널 무시할 거야"가 숨어 있기 때문입니다. 하지만 주변 평가를 완전히 무시할 수 없습니다. 주변 평가의 노예가 되면 안 되지만, 타인의 시선을 신경 쓰는 건 한국에서는 필요한 사회성입니다. '공신'들처럼 "주위의 인정을 받기 위해" 공부하는 것도 나쁘지 않다는 얘기입니다.

한국의 부모는 동기 부여에 한해서 이중적이어야 한다는 게 결론입니다. 내적 동기와 외적 동기를 적절히 섞어서 자녀에게 심어주면 결과가 나쁘지 않을 것입니다. 예를 들어 성취감이 얼마나 기쁜지도 알려주면서 때로는 용돈도 주는 게 필요합니다. '열공' 하면 성장의 기쁨도 누린다고 말해주면서, 동시에 부러움도 산다는 것을 자연스레 알게 하는 겁니다.

구체적인 방법을 말씀드려보겠습니다. 먼저 외적 동기가 100% 좋은 건 아니라는 사실을 알려줘야 합니다. 저희 아이가 중학교 1학년 첫 시험에서 성적이 좋았습니다. 저희 부부는 너무나 기뻤죠. 듬뿍 보상하고 싶었습니다. 하지만 조금 자제했죠. 1만 원만 주면서 이렇게 말했습니다.

"원래는 돈으로 보상해주면 안 된다. 돈만 보고 공부하게 만들 수 있기 때문이지. 공부는 성취감이나 꿈을 이루기 위해서 해야 해. 돈이나 칭찬을 보고 공부하면 지구력이 떨어지거든. 그래도 용돈을 주고 싶었다. 네가 고맙고 자랑스럽고 사랑스럽기 때문이야."

용돈으로 보상을 하면서도 내적 동기(성취감, 꿈)의 중요성도 강조했던 겁니다. 말과 행동이 이중적이죠. 믿음에 반하는 행동을 한다는 걸 고백한 셈입니다. 돈을 바라고 공부하는 건 미리 막고 싶었던 겁니다.

보상을 하더라도 가능하면 보상 시기를 늦춰야 좋다고 합니다. 성적표를 받아온 날이 아니라 방학 또는 연말에 선물을 사주는 식입니다. 아이는 돈을 모으듯이 보상을 저축하는 기분일 겁니다. 보상을 통제하는 경험을 하게 됩니다. 또 몇 개월 후의 미래를 생각하게 됩니다. 이런 경우 용돈이나 선물로 하는 보상이 유익할 수도 있습니다.

그리고 추상적인 보상의 비중도 높이는 게 좋습니다. 돈이나 물건이 아니라 정신적으로 보상을 해주면 보상의 부작용을 크게 줄일 수 있습니다. 가령 아주 작은 자유를 주는 것입니다. 부모도 아는 친구 집에서 자는 걸 허락하는 식입니다. 하루 종일 뒹굴거나 게임을 할 자유도 좋습니다.

권리가 보상일 수도 있겠죠. 외식 메뉴를 고르거나 TV 채널을 결정할 수 있는 권리를 줘서 왕 대접을 해주는 것입니다.

아이들에게 '잔소리 프리 데이'를 선물해도 좋을 겁니다. 자녀의 생활 태도에 간섭하지 않고 부모가 입을 꾹 다물어주는 것입니다. 아이로서는 낙원에 온 기분일 테니 좋은 보상이 될 겁니다.

보상을 가족이 나누도록 하는 것도 좋은 방법입니다. 심리학자 리처드 라이언Richard Ryan 교수(미국 로체스터 대학교, 동기 부여 심리학)가 언론 인터뷰[1]에서 했던 말이 기억에 남습니다. 아이의 성적이 좋으면 자신은 이렇게 말할 거라고 하네요.

"와! 대단하다. 우리 나가서 축하하자. 맛있는 거 먹는 거야!"

식사 자리에서는 아이가 노력을 많이 했다는 사실을 인정하고 축하하면 됩니다. 아이는 가족들에게 행복을 선물한 자신이 뿌듯할 것입니다. 공부를 해야 할 또 다른 이유가 생긴 셈입니다.

부모의 역할은 분명합니다. 내적 동기를 많이 심어줘야 좋습니다. 공부 자체를 즐겨야 하며 "공부를 통해 자신을 완성할 수 있다"고 말해야 합니다.

하지만 부모는 고상할 수만은 없어요. 가끔은 낮아져야 합니다. 필요하다면 용돈, 장난감, 칭찬 등 외적 동기를 활용해도 됩니다. 내적 동기뿐 아니라 외적 동기도 적절히 심어주는 게 부모의 할 일입니다. 부모로 산다는 건 역시 아슬아슬하게 줄타기를 하는 느낌입니다.

결과 아닌 과정을 응원하는 말

"너는 노력 천재구나"

공부를 보상해줄 때 기억해야 할 중요한 기법이 있습니다. 결과가 아니라 과정에 보상을 해야 합니다. "성적이 오르면 선물 줄게"가 아니라 "열심히 하면 용돈 줄게"여야 하는 것이죠.

원칙적으로는 물질적 보상으로 자녀 성적을 올릴 수 없습니다. 부모들도 알고 있고 또 많은 학자들이 연구를 통해 밝혀낸 사실입니다. 가령 롤랜드 프라이어 주니어Roland Fryer Jr. 교수(미국 하버드 대학교, 경제학)가 대규모의 실험을 진행했습니다. 학생 1,800명에게 금전적 보상을 하면서 성적 변화 추이를 분석했죠. 결론은 돈이 성적을 올리지 못한다는 것이었습니다. 아이들은 초기에는 돈을 받기 위해 '열공'했지만 시간이 지나자 원래대로 돌아갔습니다. 물질적 보상은 학업 성취도를 높이지 못한다는 결론입니다.

그렇다면 용돈으로 성적을 올리는 걸 아예 포기해야 할까요. 그건 아닙니다. 롤랜드 프라이어 주니어 교수가 의외의 조언도 했습니다. 용돈 보상을 기술적으로 활용하면 성적 향상 효과가 있다는 것입니다. 그는 미국 언론 인터뷰[2]에서 이렇게 말했습니다.

"성적에 따라 돈을 주는 것보다, 책 읽으면 돈을 주는 게 성적을 더 올립니다."

직행로가 아니고 우회로가 낫다는 겁니다. 성적 향상에 직접 보상하지 말고 성적을 향상시킬 행동에 보상하는 것이죠. 가령 이렇게 제안하는 겁니다.

"책을 꼼꼼하게 읽으면 용돈 줄게."
"읽은 책 10권 내용을 재밌게 이야기해주면 장난감 사줄게."
"오늘 배운 것 중에서 가장 신기한 거 말해줘."
"숙제를 빠뜨리지 않고 다 하면 다음 달에 용돈 더 준다."

자녀가 고학년이면 다른 방법을 써야 할 것입니다. 성적을 직접 높일 행동을 고무하는 것이 좋겠죠.

"학교나 학원 수업에 딴생각 말고 집중해. 특별 보상이 있을 거야."
"휴대폰 집에 두고 지내기는 어떨까? 일주일 하면 용돈 줄게."
"성적은 무관해. 하루에 영어 단어 30개 외우면 다음 달에 선물 줄게."

등수는 아이가 통제할 수 없습니다. 한 명 빼고는 1등을 할 수가 없습니다. 그런데 과정은 아이가 통제할 수 있습니다. 책을 읽고, 수업에 집중하고, 영어 단어를 외우는 일은 아이가 의지로 할 수 있는 행동입니다. 아이의 나이나 성향에 따라서, 성적 향상이라는 최종 목표 대신에 과정을 보상하면 효과가 훨씬 더 좋을 것입니다.

칭찬도 중요합니다. 아이로서는 칭찬이 물질적 선물 못지않게 중합니다. 칭찬에도 원칙이 있습니다. 많이 알려진 것처럼 과정을 칭찬해야 합니다. 먼저 나쁜 예부터 보겠습니다.

"와 100점이네. 대단하다. 넌 똑똑해. 아니 천재야."

부모들이 무심결에 흔하게 하게 되는 유형의 칭찬입니다. 그런데 '똑똑하다'와 같이 '재능'을 칭찬하면 문제가 생길 수 있다고 심리학자들은 말합니다. 자신에게 재능이 있다고 믿는 아이들은 노력하지 않습니다. 또 한두 번 실패하면 크게 좌절합니다. '똑똑한 내가 왜 이럴까'라며 당혹하고 좌절합니다.

노력을 칭찬하는 것이 아이에게 이롭습니다. 가령 이렇게 말하는 것이죠.

"와 100점이네. 대단하다. 넌 노력 천재야."

"점수가 많이 올랐네. 이번에 굉장히 노력을 많이 했구나."

부모가 '노력'을 칭찬하면 아이는 노력의 가치를 알게 됩니다. 노력하면 자신이 성장하고 성적도 좋아진다고 믿게 되는 것이죠. 아이는 노력해야 하는 이유를 알게 됩니다. 곧 '동기 부여'가 되는 것입니다. 동기는 동력이고 엔진입니다. 마음에 엔진 하나가 장착된 아이는 홀로 씩씩하게 나아질 것입니다.

응용 문장이 어렵지 않습니다. 결과가 아니라 과정에 쏟은 노력을 칭찬하는 말입니다. 자녀에게 힘을 주고 성적 향상의 동기를 부여할 것입니다.

"성적이 이렇게 오르다니, 얼마나 힘든 걸 참고 열심히 공부했을까?"

"성적은 상관없어. 노력 많이 한 거 엄마 아빠가 다 안다. 정말 멋져!"

시간의 힘을 믿게 하는 말

"3년 공부는 3년 적금과 같아"

저희 아이가 초등학교 6학년 때인가 울상이 되어서 물었습니다. "이 힘든 공부를 왜 해야 해요?" 모든 부모가 부딪히는 질문입니다. 대부분은 제대로 답을 해주지 못합니다. 저희 부부도 막막해서 뚜렷한 답은 못 내놓고 얼버무렸던 것 같습니다.

공부하는 이유를 설명하는 방법은 수백 가지는 되는 것 같습니다. 여기서는 공부와 미래를 연결 지어서 설명하는 논리를 말해볼까 합니다.

공부는 현재를 고통스럽게 보내는 일입니다. 밝은 미래에 대한 믿음이 있어야 견딥니다. 고통은 곧 끝나고 기쁜 미래가 올 거라는 믿음이 '열공'의 중요 조건인 것이죠. 저희 부부는 아이가 시간의 힘을 믿게 만들려고 노력했습니다. 오늘 노력하면 시간이 흘러 미래에 보상을 해줄 것이라고 말해주고 싶었습니다. 딱 제격인 표현이 있더군요. 영문으로 된 글[3]에서 발견한 표현을 번역해보겠습니다.

"숙제를 하는 건 씨앗 뿌리기와 같아. 나중에는 큰 수확을 거두게 될 거야."

존 마크 프로일랜드John Mark Froiland 교수(미국 퍼듀 대학교, 교육 심리학)의 말입니다. 숙제는 미래를 위해 씨앗을 뿌리는 행위라고 표현했습니다. 지금 왜 힘들게 숙제를 해야 하는지 비유를 통해서 설명하고 있습니다. 비유가 마음을 움직입니다.

저희는 공부의 미래 의미를 비유적으로 설명해줘야겠다고 생각했습니다. 아이에게 이런 식으로 말했어요.

"공부는 자전거 배우기와 같다. 누구나 쓰러지게 되어 있어. 그런데 시간이 좀 지나면 누구나 탈 수 있는 게 자전거야. 씽씽 자전거를 타듯 곧 즐겁게 공부할 수 있을 거야."

"너는 계단을 오르고 있어. 성적은 계단식으로 오른다. 한 번에 한 개씩 오르는 거야. 천천히 오르면 곧 맨 위층에 도착해 편히 쉴 수 있어."

"너는 아름다운 나비가 될 거야. 그런데 시간이 필요해. 처음에는 알이었다가 애벌레가 되고 또 번데기가 된 후에 나비로 변신하지. 처음부터 아름다운 나비는 없다. 힘든 시기를 보낸 후에 아름다워지는 거야.

아이가 시간의 힘을 믿게 만들려고 노력했습니다.
오늘 노력하면 시간이 흘러 미래에
보상을 해줄 것이라고 말해주고 싶었습니다.

조금만 더 노력해. 그리고 조금만 더 기다려. 곧 나비처럼 아름다운 사람이 될 거야."

"벚꽃, 목련, 개나리는 예쁘지? 그런데 꽃들은 대개 1년에 한 번씩만 핀다. 1년을 기다려야 예쁜 꽃을 피울 수 있어. 사람도 마찬가지야. 일정 기간 노력해야 꽃을 피울 수 있어. 조금만 더 공부하면 예쁜 결과가 피어날 거야."

밝은 미래가 올 것이라는 낙관을 심어주기 위해 저희가 고안한 논리입니다. 공부를 자전거 타기나 계단 오르기에 비유하면, 아이는 공부하는 의미를 흐릿하게라도 알게 될 겁니다. 또 아이를 꽃이나 나비에 비유하면 현재의 어려움을 견딜 이유를 깨닫게 될 것입니다.

이번에는 고등학생 자녀에게 어울릴 만한 설명법을 말씀드립니다. 미래의 좋은 직업이나 성공에 대한 기대가 공부 동기를 부여할 수 있습니다. 그러나 아닌 경우도 많아요. 직업이 안 떠오릅니다. 아이가 그나마 중요하게 생각한 '돈'을 비유에 활용했습니다. 고교 3년과 3년짜리 적금이 비슷하다고 말해줬습니다.

"고등학교 3년 공부는 3년 저축하는 거랑 같아. 3년 후에 돈을 찾아 쓸 수 있어. 뭐에 쓸 건지 지금은 몰라. 3년 후 세계 여행을 가고 싶을 수 있어. 아니면 차를 원하게 될지도 모르지. 중요한 것은 현재 돈을 많이 모아 두는 거야. 지금 돈을 모아두지 않으면 그때 아무것도 할 수 없어. 무작정 저축을 많이 해두면 좋을 거야. 그러니 무작정 공부를 많이 해두는 게 좋아."

부모가 만들어낸 조언보다 최근에 수험생이었던 선배의 말이 더 설득력 높을 겁니다. 저희와 비슷하게 조언하는 분들이 계시더군요. 유튜버 '닥터 프렌즈'입니다. 이비인후과, 정신건강의학과, 내과 전문의가 등장하는데, '공부하기 싫으신 분 보세요'라는 동기 부여 관련 영상이 아주 인상적이었습니다. 의사 세 분의 이야기를 종합하면 이렇게 됩니다.

"왜 지금 공부를 하는지 의미를 찾으려다 못 찾고 공부를 포기하는 사람도 있어요. 중·고등학생의 시야나 경험의 깊이에서는 공부 의미를 알아내기 어려워요. 그냥 막연히 생각하는 게 좋을 것 같아요. 지금은 미래에 쓸 자원을 비축하고 있다고 생각해요. 나중에 내가 의사나 작가 등 어떤 직업을 갖고 싶을 거예요. 그런데 모아둔 자원이 없다면 꿈을 포기해야 해요. 미래에 쓸 자원을 비축하고 있다고 생각하고 열심히 공부하세요."

2016학년도 수능 만점자 고나영 씨도 유튜브 '김작가 TV'에서 비슷한 말을 합니다. "목표가 없어도 열심히 해두자"고 했습니다. 나중에 어떤 일을 하고 싶을 때 공부를 해놓지 않아서 후회하지는 말아야 하니까요.

아이 장점을 꿈과 연결하는 말

"넌 논리적이라 훌륭한 과학자가 될 거야"

사람에게 돈과 직업은 중요합니다. 공부하라고 괴롭히는 이유도 자녀의 미래 직업과 수입을 위해서인 게 사실이죠. 그런 부모 마음이 불쑥불쑥 튀어나옵니다.

"열심히 공부해야 돈 많이 벌 수 있다."
"공부를 잘해야 좋은 직장에 취직하고 풍족하게 살 수 있다."

장래 직업으로 동기를 부여하려는 말입니다. 저희 아이도 귀에 못이 박히게 들었습니다.

맞는 말이라고 해도 문제는 실효성입니다. 돈 이야기를 해봐야 아이들은 무감각합니다. 용돈 조금이면 대만족하는 아이들이 거액의 필요성을 절감하기 어려운 것이죠.

장래 직업을 이용한 동기 부여 2단계도 있습니다. 좀 더 구체적으로 말해주는 겁니다. 아이의 피부와 마음에 닿도록 말이죠.

"좋은 직장에 가야 좋아하는 사람에게 맛있는 거 많이 사줄 수 있다."

"공부해야 돈 벌어서 자녀에게 예쁜 옷을 사줄 수 있어."

"돈 벌면 영국 프로 축구 직관할 수 있어."

결국은 공부를 열심히 하라는 잔소리니까 아이들이 좋아하지 않습니다. 또 애인이나 자녀에 대한 책임을 벌써 이야기하니까 어이없고 부담스러울 겁니다.

직업으로 동기 부여하는 3단계 방법도 있습니다. 저희 부부도 아이에게 몇 번 해줬던 이야기입니다. 학창 시절이 보석처럼 가치가 크다는 것을 강조하려고 했습니다.

"지금 고생하면 20배의 보상을 받는다."

가령 고등학교 3년 열심히 공부해서 좋은 성과를 거두면 이후 60년 여생을 편하게 산다는 이야기입니다. 60년은 3년의 20배입니다. 그러니까 오늘 1시간 힘들게 공부하면 나중에 20시간 편하게 지낼 수 있다는 말이 됩니다.

친절하게 수치화했으니 먹힐 만하다고 봅니다. 그런데 아이가 이 또한 거부하면 부모는 공세 강도를 더 높이게 됩니다. 4단계는 겁주기입니다.

“이 세상은 인정머리 없어. 공부 못하면 세상이 바보 취급하고, 차별당할 수도 있어.”

우리 사회 부모들이 자주 하는 말입니다. 저희 부부도 해서는 안 되는 줄 알면서도 화가 치밀 때 뱉은 적이 있습니다.

위의 말은 무엇보다 사실이 아닙니다. 학업 성적이 낮아도 돈을 많이 벌고 존경받으며 행복할 수 있으니까요. 그런데 틀렸다는 것보다 더 큰 문제가 있습니다. 위의 말은 위협입니다. 아이를 공포와 불안감에 빠뜨려 공부하게 만들려는 속셈이니까 좋지 않습니다.

위에서 소개한 동기 부여의 말들이 단점이 있지만, 그렇다고 완전히 버릴 수는 없습니다. 아이들을 자극해서 효과를 낼 수도 있으니 필요할 때는 해야 하는 말입니다. 그런데 직업을 돈벌이 수단으로 단순화하는 건 문제가 됩니다. 또 돈 벌기 위해 공부하라고 말하는 것도 아이가 납득하기 어렵고요.

저희는 좀 나은 방법을 찾았습니다. 아이의 현재 장점과 직업을 연결 지어 설명했더니 아이의 반응이 괜찮았습니다.

직업 이야기를 꺼낸 것은 동기 부여가 목적이었습니다. 이럴 때 중요한 것은 바로 ‘연관성’이라고 몇몇 교육 전문가들이 지적합니다. 아이의 특성과 직업 특성이 어떻게 연관 있는지를 알려줘야 하는 것입니다. 가령 이렇게 말이죠.

"너는 언어 감각이 아주 좋아. 작가나 법관이 되면 좋을 것 같다."

"너는 관찰력이 아주 뛰어나. 훌륭한 수사관이 될 것 같다. 사람 몸의 병을 찾아 고치는 의사가 될 수도 있고 말이야."

"우리 딸은 수학 문제를 잘 풀어. 뇌가 논리적이라는 증거야. 훌륭한 과학자가 될 수 있다고 믿어."

위와 같이 말하면 아이는 자신의 언어 감각, 수학적 능력, 관찰력 등에 자부심을 느낄 것입니다. 또 자신의 장점이 미래의 힘이 될 거라는 비전도 갖게 되겠죠. 쉽지 않지만 아이의 장점과 특정 직업 사이의 연관성을 찾아 설명해주는 것도 부모의 중요한 역할입니다.

게으른 아이를 자극하는 말

"이것만큼은 똑 부러지게 잘하는구나"

자녀가 게으른가요? 숙제를 미루고, 시험공부도 하지 않고, 하루 종일 늘어져 있나요? 마음이 답답하실 겁니다. 화도 나겠죠. 그런데 아이가 게으르다고 평가하는 부모들은 큰 오해를 하고 있습니다. 세상에 게으른 아이는 없습니다. 절망한 아이들만 있을 뿐입니다.

자녀가 게을러서 문제라고 생각하는 부모들에게 한 심리학자가 일침을 놓습니다.

"아이가 게으르다는 생각은 아이들에 대한 오해 중에서 가장 흔하고 가장 해로운 것이다."

위 문장은 케네스 배리시Kenneth Barish 교수(미국 코넬 대학교, 심리학)가 육아 심리 사이트에 쓴 글[41]에 나옵니다.

착각에서 벗어나라고 하네요. 아이들은 게으른 게 아니고 좌절한 겁니다. 용기가 없는 것이고 불안한 것입니다. 수학 공부를 열심히 했지만 시험 성적이 또 엉망이라면 좌절하게 됩니다. 그런 좌절의 경험 때문에 다시 도전하지 못하고 머뭇거리는데 그게 어른 눈에는 게을러 보이는 겁니다.

누구나 자기가 좋아하고 잘하는 일을 열심히 하고 싶어 합니다. 어른들도 그렇습니다. 잘할 수 있다면 남들 앞에서 노래하고 춤추는 게 신납니다. 지겨운 회사 일도 내가 잘할 수 있는 것이라면 기분 좋게 해치울 수 있습니다. 어렵고 힘든 일이 문제입니다. 그런 일을 앞에 두고는 노력을 기피하고 꾸물거리게 되는 것입니다.

게으른 아이는 없습니다. 좌절한 아이만 있습니다. 이 사실을 이해하는 것이 동기 부여 문제를 해결하는 데 결정적입니다. 케네스 배리시 교수가 생각하는 '동기 부여'는 이렇습니다.

동기 부여 = 목표 설정 + 성취할 수 있다는 자신감

목표 설정만으로는 동기 부여가 성립되지 않습니다. '나 그 대학교에 가겠어!'라는 목표만 갖는다고 동기 부여가 아닙니다. '열심히 하면 그 대학에 갈 수 있다'라는 자신감도 반드시 필요한 것입니다. 목표 의식에 더해서 자신감까지 갖췄다면 동기 부여가 된 것이고, 그때부터는 게으름을 피우지 않고 공부에 매진하게 될 것입니다.

그러면 어떻게 자신감을 심어줄 수 있을까요? 케네스 배리시 교수가 제시하는 것 중에서 우리 감각에 맞는 두 가지를 소개하겠습니다.

자녀에게 자신감을 심어주려면 첫 단계로 아이의 좌절 이유를 찾아야 합니다. 보통 좌절감은 비난 속에 숨어 있습니다. 아이가 "수학 그따위를 배워서 뭐해요?"라고 공격한다면 수학 때문에 좌절한 것입니다. 아무리 공부해도 안 된다고 판단 내린 것이죠. 학교, 학원, 선생님, 친구가 싫다고 한다면 그게 좌절의 원인입니다. 대화와 관찰을 통해 아이의 좌절 원인을 알아낸 후에는 솔직히 말해줘야 합니다.

"우리 딸, 이것 때문에 힘들구나. 몰랐어. 미안해."

좌절의 원인은 게으름의 이유이기도 합니다. 이제 출발점에 섰습니다. 게으름의 원인을 제거하고 동기 부여를 향해 갈 수 있습니다.

자녀에게 자신감을 주는 두 번째 단계는 '장점을 집중 칭찬하기'입니다. 이렇게 말하면 됩니다.

"우리 딸, 이것만큼은 똑 부러지게 잘하는구나."
"수학을 못한다고? 넌 언어 능력은 아주 좋아."
"과학이 어렵다고? 사회 탐구 잘하는 것도 능력이야."

아이만의 강점을 찾아서 집중 칭찬해주는 것입니다. 아이의 장점이 없는 것 같다고요? 장점 없는 아이는 없습니다. 눈먼 부모만 있습니다. 누구도 모든 과목을 못하지는 않습니다. 상대적으로 잘하는 과목을 찾아서 열렬히 칭찬해주세요. 필요한 것은 부모의 끈기입니다. 꼼꼼히 뒤지고 분석해서 아이의 장점을 찾아내야 합니다.

케네스 배리시 교수는 줄리어드 스쿨에서 바이올린을 가르치는 도로시 딜레이의 사례를 소개했습니다. 그는 학생들의 연주를 오랫동안 들어주는 것으로 유명합니다. 학생이 연주를 특별히 잘하는 대목까지 기다려주는 것입니다. 잘한 부분을 찾은 후에는 '그 대목 연주가 아주 좋았다'고 칭찬해줍니다. 학생은 자신감을 갖게 됩니다. 특정한 부분을 잘했으니 다른 부분도 연주를 잘하게 될 거라고 희망적으로 생각하게 되는 것이죠.

우리 아이의 장점도 끝까지 찾아내고 진심으로 칭찬해야 합니다. "이건 정말 잘했구나"라고 말해주면 아이가 깨달을 것입니다. "노력하니까 되는구나"라고요. 또 "다른 과목도 더 잘할 수 있을지 몰라"라며 희망을 갖게 될 것입니다. 부모가 집중 칭찬한 그 과목이 성적 향상 도미노의 진앙지가 될 수 있는 것이죠.

정리해볼게요. 아이가 게으르다면 좌절해서 도전할 엄두가 안 나서 그렇습니다. 동기 부여를 해줘야 하는데, 자신감 심기가 핵심 과제입니다. 아이가 좌절한 이유를 찾아서 위로하고 아이만의 장점을 칭찬해주면 상황이 크게 호전될 수 있습니다. 자신감을 얻은 아이는 게으름을 피울 이유가 없어집니다. 꿈을 향해 빠르게 달려나갈 게 분명합니다.

공부 동기를 부여하는

부모 말투

"와 100점이네. 대단하다. 넌 노력 천재야."

"성적은 무관해. 하루에 영어 단어 30개 외우면
다음 달에 특별 보상이 있을 거야."

"원래는 돈으로 보상해주면 안 된다.
돈만 보고 공부하게 만들 수 있기 때문이지."

"노력 많이 한 거 엄마 아빠가 안다. 정말 멋있어!"

"숙제를 하는 건 씨앗 뿌리기와 같아. 나중에 큰 수확을 거둘 거야."

"공부는 저축과 같아. 뭐에 쓸 건지 지금은 모르지만,
지금 돈을 모으지 않으면 나중에 아무것도 할 수 없어."

"지금은 미래에 쓸 자원을 비축하고 있다고 생각해.
모아둔 자원이 없다면 꿈을 포기해야 할지도 몰라."

"너는 관찰력이 아주 뛰어나. 훌륭한 수사관이 될 것 같다."

"우리 딸·아들, 이것만큼은 똑 부러지게 잘하는구나."

튼튼한 성장 엔진을 달아주세요

성장 마인드셋이 있어야 자신감이 생깁니다. 내가 노력하면 성격이 바뀌고 성적도 오른다는 믿음이 성장 마인드셋입니다. 당연히 자신감의 필수 조건이죠. 반대로 노력해봐야 나는 변할 수 없다고 생각하면 자신감이 증발할 겁니다. 이런 마음가짐이 고정 마인드셋입니다. 더불어 작은 성공을 자주 경험해야 자신감이 커집니다. 목표했던 공부를 그날 해냈다면 작은 성공을 거둔 것입니다. 작은 성공의 경험이 많을수록 아이의 자신감이 커지고, 결국 큰 성공도 이뤄낼 수 있습니다.

성장 마인드셋을 심어주는 말

"아직은 모르는 거야"

마인드셋mindset은 공부법 관련 책에 꼭 나오는 개념입니다. 캐롤 드웩Carol Dweck 교수(미국 스탠퍼드 대학교, 심리학)가 유명한 이론가인데요, 그는 마인드셋에 두 종류가 있다고 설명합니다.

고정 마인드셋과 성장 마인드셋이 그것입니다. 고정 마인드셋을 가진 사람은 성격이나 능력 등이 벌써 굳어 있다고 봅니다. 아무리 애써도 내가 변하지 않고 성장하지도 못한다고 생각하는 태도죠. 반면 성장 마인드셋은 성격이나 능력이 발전한다고 믿습니다. 노력하면 나아진다고 생각하는 겁니다. 당연히 성장 마인드셋을 가진 사람이 노력을 더 하고 발전을 기대할 수 있습니다.

마인드셋 즉 마음가짐에 따라 말하는 습관도 다릅니다. 비교해서 살펴보겠습니다.

고정 마인드셋 말습관	성장 마인드셋 말습관
이미 늦었어. 끝났어.	기회는 남아 있을 거야. 분명히.
나는 영어 체질이 아냐.	난 영어 점수가 낮아. 그래도 올릴 방법이 있을 거야.
해봐야 또 실패할 거야.	실패하더라도 실력이 점점 나아질 거야.
이게 내 한계야.	내 잠재력은 아무도 몰라.
저 친구는 천재야. 타고났어.	타고난 천재는 없어. 걔는 열심히 공부해서 1등이 된 거야.
나는 머리가 좋아서 성적이 올랐어.	나는 노력해서 성적이 올랐어.
나는 이 문제를 죽어도 이해 못해.	이 문제가 어렵지만, 선생님께 여쭤보면 알게 될 거야.

성장 마인드셋을 가진 아이들은 쉽게 좌절하지 않습니다. 노력하면 문제가 해결된다고 믿으니 포기할 이유가 없는 겁니다. 성적도 당연히 높게 나올 것입니다.

그런데 높은 성적을 위해서만 성장 마인드셋을 가져야 하는 게 아닙니다. 자신의 성장 가능성을 믿어야 밝고 바르게 삽니다.

캐롤 드웩 교수가 TED 강연[1]에서 그 사실을 강조합니다. 한 연구팀이 열 살 아이들에게 조금 어려운 문제를 풀게 했습니다. 반응에 따라 아이들은 둘로 나뉩니다. 한쪽 아이들은 어려웠지만 도전이 즐거웠다고 말합니다. 이번에는 못 풀었지만 언젠가는 거뜬히 풀 수 있을 것이라는 낙관을 했습니다. 성장 마인드셋을 가진 아이들입니다.

어려운 문제를 풀고 나서 좌절한 아이들도 있었습니다. 노력하면 실력이 쌓여서 머지않아 어려운 문제들을 풀 수 있다는 생각을 못했습니다. 자신의 능력이 이미 멈춰 있다고 생각한 것이죠. 고정 마인드셋에 갇혀 있는 아이들입니다.

드웩 교수는 고정 마인드셋을 가진 아이들이 좋지 않은 세 가지 행동 유형을 보인다고 말합니다. 먼저 시험 부정행위를 합니다. 규칙을 어기게 되는 것입니다. 공부해봐야 성적이 오를 수 없다고 생각하니 나쁜 짓으로 성적을 올리는 겁니다. 또 자신보다 못하는 아이들을 보면서 만족감을 얻으려 합니다. 친구 중 일부를 깔보는 습성을 갖게 되는 것이죠. 마지막으로는 어려움으로부터 달아나게 됩니다. 어려움을 극복할 생각은 못하고 겁을 집어먹은 채 도망치게 되는 겁니다.

성장 마인드셋을 갖춘 아이들은 진취적입니다. 정정당당하며 자긍심이 높고 어려운 도전을 두려워하지 않습니다. 밝고 바르게 살 확률이 높습니다.

어떻게 하면 성장 마인드셋이 자라게 할 수 있을까요. 앞에서 소개한 '성장 마인드셋 말습관'을 갖도록 유도해야 합니다. 몇 가지 예를 더 들어 보겠습니다.

"사람은 변화한다. 노력하면 발전해. 너도 얼마든지 좋아질 거야."

“문제를 세 번만 풀어봐. 분명히 이해할 수 있어.”

“게임처럼 사람 능력치도 레벨 업 된다.”

모두 나쁘지 않은 응원입니다.

성장 마인드셋이라는 개념을 만든 캐롤 드웩 교수는 강연 영상에서 또 다른 팁도 줍니다. 그는 바로 “아직은 아니야 Not Yet”가 큰 도움이 될 것이라고 강조합니다. 이렇게 말하면 됩니다.

“이번 시험은 못 봤네. 하지만 아직 안 끝났어.”

“너는 좋은 대학에 못 갈 거라고? 누가 그래? 아직은 몰라.”

“너의 인생이 실패라고? 터무니없는 소리야. 기회는 얼마든지 많아. 아직 안 끝났어!”

“이번 생은 망했다고? 아니야. 이번 생은 이제 시작이야.”

부모가 “아직은”이라고 말하면 아이 머릿속에서는 미래가 그려집니다. 목표 지점도 보이고요. 자신의 여정이 끝난 게 아니라 저 멀리로 이어진다고 생각하게 될 것입니다. 성장하고 변화한다고 믿는 아이에게 오늘의 실패는 결정적이지 않습니다. 슬퍼하거나 좌절할 사유가 되지 못하는 것이죠. 아직은 괜찮다고 부모가 말해줄 때 아이는 성장 가능성을 확신하게 됩니다.

실패 후 재도전의 불씨를 지피는 말

"조금씩 바꾸면 돼"

아이가 수학 시험을 못 봤다고 해볼게요. 한 달 동안 열심히 공부했는데 성적이 더 떨어졌습니다. 안타까운 일입니다. 이런 경우 아이의 반응은 두 가지 중 하나라고, 스테파니 워밍턴Stephanie Wormington 교수(미국 버지니아 대학교, 교육 심리학)가 설명합니다[2]. 바로 포기와 재도전 중 하나를 선택하게 된다는 것입니다.

수학 공부를 안 하겠다고 포기하는 아이와 다시 도전하는 아이는 생각이 다릅니다. 한 아이는 낮은 수학 점수를 받고는 '나는 공부해도 안 돼'라고 확신해버립니다. 아무리 노력해도 수학 성적이 향상될 수 없다고 생각하죠. 고정 마인드셋을 가진 것입니다.

어떤 아이들은 점수가 낮으면 '더 좋은 공부법을 찾아야겠다'라고 생각합니다. 방법을 찾아서 노력하면 나아진다고 믿는 겁니다. 성장 마인드셋이 마음속에 들어 있습니다.

성장 마인드셋을 가져야 성적이 높아집니다. 인생의 도전도 이겨낼 수 있고요. 그런데 마인드셋 즉 마음가짐을 어떻게 해야 가질 수 있을까요? 스테파니 워밍턴 교수는 '조금만 바꿔도 된다'고 믿으면 된다고 말합니다.

"한번에 모든 걸 바꿀 필요가 없다는 걸 기억해야 해요. 하나의 작은 변화에서 시작하세요."

한꺼번에 많은 것을 바꿔야 한다는 생각이 오히려 성장을 저해합니다. 성장 마인드셋의 핵심은 작은 변화의 힘을 믿는 것에 있습니다. 조금씩 바꾸면 결국 큰 변화에 이르게 된다는 믿음 말입니다.

성장 마인드셋을 자녀에게 심어주려고 열망하는 부모들이 많습니다. "너는 변화하고 성장할 수 있어"라고 말해도 좋겠지만 구체적인 조언이면 더 효과적일 것입니다. 성장 마인드셋은 학생들에게 특히 중요합니다. 자녀에게 이렇게 말해주면 어떨까요. 워밍턴 교수의 조언을 우리 실정에 맞게 바꿔 전합니다.

"잊지 마라. 한꺼번에 모든 걸 바꿀 필요가 없어. 작은 변화면 충분해."
"다음 시험에는 30점을 올리겠다고? 아냐. 10점만 올려도 돼."
"조금씩 향상되는 것만으로 충분해. 조급해하지 마."

성적뿐만 아니라 성격 문제에서도 조금씩 변화한다고 생각하는 것은 아주 중요합니다. 일부 아이들은 자기 성격에 문제가 있다고 생각하고 단기간에 고치려고 합니다. 그런데 덜렁거리는 아이가 일주일 만에 차분해지는 건 불가능합니다. 수줍은 성격이 열흘 안에 활달한 성격으로 뒤바뀔 수도 없습니다. 성격을 빨리 바꿀 수 있다는 믿음은 틀렸을 뿐 아니라 해롭습니다. 금방 포기하게 되니까요. 성격을 바꾸려고 며칠 노력하다가 안 되면 마음을 접어버리게 됩니다. 아이에게 이렇게 말해주는 게 맞습니다.

"성격이 나빠서 다 뜯어고치겠다고? 성격 혁명은 불가능해. 조금씩 천천히 고치면 돼."

자신의 단점을 인정하는 것도 성장 마인드셋의 필수 조건입니다. 단점을 숨기려고 들면 위험한 비밀을 품은 것처럼 불안해집니다. 그

고정 마인드셋 말습관	성장 마인드셋 말습관
난 키가 작아. 왜 이 모양인지 모르겠어.	난 키가 작아. 인정해. 하지만 기다리면 크겠지. 키가 안 크면 대신 실력을 키울 거야.
난 성격이 급해. 내가 정말 싫다.	난 성격이 급해. 그런데 장점이기도 해. 일을 미루지 않게 되어서 좋아.
난 기억력이 나빠. 창피해.	난 암기를 잘 못해. 사실이야. 그래도 괜찮아. 몇 번 더 외우면 돼.

보다는 "나에게는 단점이 있지만 괜찮다"고 당당히 인정하도록 부모가 도와주는 게 좋겠습니다.

많은 아이들이 자신의 단점이나 약점이 영원히 지속될 것처럼 두려워합니다. 아이에게 낙관의 용기를 심어주세요. 가령 "넌 단점이 있지만 나아질 거야. 조금씩 고치다 보면 괜찮아질 게 분명해"라고 말해주는 게 좋습니다. 또 "성적이 낮은 건 사실이야. 하지만 성적을 너무 빨리 올리려다가 쉽게 지칠 수 있어. 천천히 조금씩 올리면 돼"라고 부모가 말할 때 아이 마음이 가벼워지고 밝아질 겁니다.

한꺼번에 다 바꿀 수는 없습니다. 작은 변화가 소중하다고 믿는 아이들이 건강한 성장 마인드셋을 갖게 됩니다.

매일 짜릿한 성취감을 맛보려면

“계획을 세워야 의지가 강해져”

아이가 강한 의지를 갖고 있다면 얼마나 좋을까요. 의지가 강한 아이는 대입까지의 장기 레이스를 거뜬히 견딜 겁니다. 쓰러지고 굴러도 또 일어나서 맹렬히 도전할 것입니다. 강한 의지는 모든 수험생과 학부모의 꿈입니다.

어떻게 하면 의지력을 강화할 수 있을까요? 먼저 밥을 잘 먹어야 합니다. 우리 주변에는 다이어트를 하는 아이들이 꽤 많습니다. 학년이 올라가 학업 스트레스가 커지면 끼니를 건너뛰는 일도 흔합니다. 만일 자녀가 밥을 잘 먹지 않고 학습 의지력도 약하다면 이렇게 말해주세요.

“다이어트 그만둬. 밥을 잘 먹어야 의지도 강해져.”

“밥 굶으면 의지력이 약해진다. 체력 떨어지면 성적도 떨어질 수 있어.”

미국 플로리다 대학교의 심리학자들이 발표한 논문[1]에서는 의지력을 유지하기 위해 식사가 중요하다고 강조했습니다. 뇌는 포도당에서 에너지를 얻습니다. 의지력을 발휘하면 포도당이 더 빠른 속도로 소비된다고 합니다. 포도당이 부족하면 어떨까요. 뇌가 허기를 느낍니다. 의지력을 생산할 수 없는 것이죠. 식사가 강한 의지력의 조건입니다. 밥을 잘 먹어야 의지가 강해지고 성적도 오르게 됩니다.

일단 밥을 든든하게 먹은 후에는 계획을 세워야 합니다. 계획을 세우는 것만으로도 의지가 강해지고 성공 확률이 상승합니다. 계획을 세우면 일이 쉬워 보이기 때문입니다.

가령 1,000쪽의 두꺼운 책이 눈앞에 있으면 기가 죽습니다. 저 책을 언제 다 읽나 싶어서 겁이 나겠죠. 그런데 50쪽씩 20일 동안 읽겠다고 생각하면 어떨까요. 훨씬 마음이 가벼워집니다. 책을 통독하는 게 쉬워 보이기 때문입니다. 책 읽기 계획을 세우고 나면 두려움이 사라질 뿐 아니라 다 읽고 말겠다는 의지도 생겨날 수 있습니다.

우리가 의지력이 약해지는 건 대체로 계획이 없어서입니다. 기말고사 공부 계획, 1년 공부 계획, 3년 대입 공부 계획 등을 세우면, 목표와 할 일이 뚜렷해져서 용기가 샘솟을 것입니다. 아이에게 이렇게 말하면 됩니다.

"공부 계획을 세워봐. 강한 자신감이 생겨. 의지력도 강해진다."

"계획을 세우지 않으면 겁쟁이가 돼. 공부가 무서워지는 거야."

강한 의지력의 필수 조건이 공부 계획입니다. 계획이 있으면 하루하루 공부에 몰두하면서 목표를 향해 끝까지 갈 힘이 생깁니다. 작은 시련이 있어도 의지가 꺾이지 않습니다.

계획의 중요성을 강조하는 선배들이 많습니다. 그중에서도 유튜버 '서울대 정선생'의 분석과 조언이 탁월합니다. 그는 '서울대 치대생이 알려주는 공부 계획 세우는 법, 스터디 플래너 쓰는 법'에서 공부 계획을 세우면 두 가지를 얻는다고 진단하더군요. 성취감과 자아 성찰의 기회가 그것입니다.

계획을 세우면 먼저 성취감을 얻게 된다고 설명합니다. 작은 계획이라도 이뤄내면 마음이 뿌듯해집니다. 자신이 자랑스러워지겠죠. 바로 성취감입니다. 이런 성취감은 수학 문제 하나를 푸는 것보다 성적 향상에 도움이 된다고 정선생은 말합니다.

맞는 말입니다. 대입 준비는 장기 레이스입니다. 지루한 것은 둘째치고 막막합니다. 내가 잘하고 있는지 느끼고 알기 어려운 것이죠. 계획을 세우면 달라집니다. 내가 이번 주에 이룬 것이 무엇인지 뚜렷이 알 수 있어요. 성취를 실감할 수 있는 것입니다. 계획을 세우면 더 자주 성취의 기쁨을 느끼게 되고, 대입이라는 마라톤을 달릴 용기가 생겨나게 됩니다.

서울대 정선생이 말하는 계획 세우기의 또 다른 이점은 자아 성찰입니다. 계획표를 살피면서 자신이 하루를 알차게 보냈는지 돌아보게 되겠죠. 또 어떤 공부법이 유익했고 어느 장소와 어느 시간대에 공부가 잘 되었는지도 알게 된다고 합니다. 그러니까 계획표는 거울

목표 달성을 위해서 해야 할 일을 작게 나눠서 생각해야 합니다.
목표에 이르는 편리한 계단을 만들듯이,
해야 할 공부는 나눠놓아야 편하게 실행할 수 있습니다.

과도 같아요. 계획표를 펼치면 내 생활을 성찰하게 됩니다. 또 나의 공부 습관도 점검할 기회가 생깁니다.

유튜버 '의대생 김현수'도 계획의 중요성을 힘주어서 강조합니다. 전교 꼴찌였다가 성적을 급상승시켜 의대에 합격한 김현수 씨는 대입을 준비하면서 슬럼프가 없었다고 합니다. 가끔 저조해지는 때가 있었지만 수렁에 빠지듯 공부 의욕을 잃지는 않았다는 뜻입니다. 슬럼프가 없었던 것은 계획을 세운 덕분이라고 했습니다.

어렵지 않게 납득이 됩니다. 계획을 세우면 오늘 할 일이 무엇인지 명확합니다. 그 일만 하면 됩니다. 뭘 해야 하나 혼란스럽지 않겠죠. 의심도 사라집니다. 오늘 이것만 공부하면 목표를 이룰 수 있다는 믿음이 있을 테니까요. 공부 계획은 슬럼프를 퇴치하는 힘도 있습니다. 아이에게 계획을 세우면 얼마나 행복한지 알려줘야 합니다.

"오늘 계획을 이뤘다고? 정말 훌륭하다. 엄마 아빠도 너무 행복해."

"계획을 세우면 고3 생활도 달콤하다고 하더라. 하루하루 짜릿한 성취감을 느낄 수 있기 때문이래."

미국의 교육 심리학자 존 M. 켈러John M. Keller는 학생들에게 자신감을 심어주는 게 무척 중요하다고 강조합니다. 그가 말하는 자신감 고취 방법 중에서 우리에게도 적합성이 높은 것들을 골라봤습니다. '자신감의 네 가지 요건'이라고 할 수 있겠네요.

1) 목표가 명확해야 한다. 또 할 수 있는 일이어야 한다.
2) 과정을 잘게 나눠서 생각해야 한다. 작은 단계별 계획을 세워야 한다.
3) 성장 마인드셋이 필요하다. 노력하면 나는 성장한다는 믿음이 필수다.
4) 작은 성공의 경험이 있어야 한다. 성공했던 기억이 자신감을 불러일으킨다.

이루려는 목표가 뚜렷하면서도 현실적이어야 합니다. 모호한 목표는 아이를 자극하지 못합니다. 또 이룰 수 없는 목표를 세워 놓으면 금방 포기하게 될 것입니다.

또 목표 달성을 위해서 해야 할 일을 작게 나눠서 생각해야 합니다. 영어 성적 향상이 목표라면 문법, 독해, 단어 암기, 듣기 등 여러 분야를 개별 공략해야 합니다. 수학도 시험 범위 내용을 나눌 수 있습니다. 목표에 이르는 편리한 계단을 만들듯이, 해야 할 공부는 나눠 놓아야 편하게 실행할 수 있습니다.

또 성장 마인드셋이 있어야 자신감이 생깁니다. 내가 노력하면 성격이 바뀌고 성적도 오른다는 믿음이 성장 마인드셋입니다. 당연히 자신감의 필수 조건이죠. 반대로 노력해봐야 나는 변할 수 없다고 생각하면 자신감이 증발할 겁니다.

끝으로 작은 성공을 자주 경험해야 자신감이 커집니다. 목표했던 공부를 그날 해냈다면 작은 성공을 거둔 것입니다. 시험 점수가 10점이라도 올랐다면 역시 작지만 소중한 성공입니다. 이런 작은 성공의 경험이 많을수록 아이의 자신감이 커지고, 큰 성공도 이룰 수 있습니다.

자신감의 요건들은 대부분 계획 세우기와 깊은 연관이 있습니다. 목표를 세우고, 단계별 할 일을 정하고, 매일 매일 작은 성공을 경험하도록 자녀를 이끌어야 합니다. 계획을 세우고 허물고 다시 세우는 연습이 학습 능력 향상의 필수 조건입니다.

도전할 용기를 키워주려면

"꼴찌도 1등이 될 수 있어"

성적 향상을 위해 높은 지능이 필요하지만, 용기가 더 중요한 것 같습니다. 실패해도 다시 도전하는 용기 말입니다. 실패가 무서운 아이는 높은 지능이 있어도 활용하지 못합니다. 가령 수학 천재 아이도 틀리는 게 끔찍하게 무섭다면 문제 풀 엄두를 못 낼 겁니다.

부모는 다시 도전할 용기를 키워주는 말을 많이 해줘야 합니다. 영국의 교육 사업가 빅토리아 본드Victoria Bond(교육 회사 '스쿨 가이드' CEO)는 칼럼[3]에서 이렇게 말해보라고 권합니다.

"처음에 성공하지 못해도 다시 시도하고 또 시도하는 거야."

실패를 경험한 아이들은 다 끝났다고 생각하기 쉽습니다. 지금의 실패는 하나의 단계일 뿐이라는 걸 인지시켜준다면 아이는 다시 도전할 수 있을 겁니다.

실패를 딛고 일어난 유명인들의 사례를 들려줘도 좋습니다. 예를 들면 이렇게 말하면 되겠죠.

"너 아인슈타인 알지? 천재 물리학자 아인슈타인은 다섯 살이 될 때까지 말을 못했어. 열여섯 살 때는 학교 진학 시험에 낙방했어. 아인슈타인 아버지는 죽을 때도 아들이 완전한 실패작이라고 생각했다고 해. 그런데 그렇게 공부를 못하던 아인슈타인이 나중에 천재적인 물리학자가 되었어. 도전하는 용기가 있으면 기회가 열려. 바보도 천재가 될 수 있어. 꼴찌도 일등이 되고 말이야."

"KFC라는 세계적인 치킨 업체가 있어. 가게 앞에는 안경 끼고 풍만한 할아버지가 있는데 그분 이름이 샌더스이고 KFC의 창업자이지. KFC에서 파는 치킨은 세계적으로 인기가 높아. 그런데 샌더스 할아버지가 치킨 레시피를 가지고 여러 레스토랑에 제안을 했는데 대부분 거절했대. 맛없는 치킨이라면서 거절한 사람들이 무려 천 명이 넘는다. 샌더스 할아버지는 그래도 좌절하지 않았어. 직접 사업을 시작해서 큰 성공을 거뒀지. 그렇게 실패 후에 성공이 오는 거야."

그런데 아이에게는 위인보다는 가까운 부모의 스토리가 더욱 생동감 있을 겁니다. 부모가 자신의 실패담을 아이에게 말해주는 게 효과적일 것 같아요. 실패를 극복한 이야기를 아이에게 해주는 겁니다.

좌절감과 불안을 겪는 아이에게 큰 위로가 될 겁니다.

"초등학교 5학년 때 아빠는 수학 시험을 50점 받았어. 수학을 아주 못했던 거야. 실망하지 않았지. 할머니가 사준 문제집을 차분히 풀었더니 다음 시험에서는 85점을 받았어."

"영어는 어려워. 엄마도 영어 점수가 낮았어. 단어가 잘 안 외워지더라. 쓰면서 소리 내서 읽고 외우기를 했더니 잘 되더라. 그리고 문장 속에서 단어 뜻을 이해하니까 더 잘 기억된다는 걸 알게 되었지."

"아빠가 고등학교 때 가출한 적이 있어. 공부가 하기 싫어서였어. 대학이고 뭐고 필요 없다고 생각했지. 그런데 집 나가니 배가 얼마나 고프던지. 차라리 공부하는 게 낫겠더라. 그때 집에 돌아가지 않았다면, 너희들은 태어나지도 못했겠지."

아이가 어릴 때는 지나치게 솔직할 필요가 없어요. 부모가 완벽한 존재로 보이는 게 어린아이에게는 아주 큰 도움이 될 때가 많거든요. 그런데 아이가 좀 크면 부모는 위신을 포기할 필요가 있습니다. 사실은 아이들도 알게 됩니다. 엄마 아빠도 완전한 존재가 아니라는 걸 말입니다. 그즈음 엄마 아빠가 자기 이야기를 솔직히 들려주면 아이가 좋은 영향을 받습니다. 어떤 위인의 성공 스토리보다 엄마 아빠의 실패와 도전과 성공 스토리가 더 큰 감동이 될 겁니다.

수평적 칭찬이 효과도 좋다

"너만큼 공부 열심히 못했어"

먼저 교육 심리학 분야에서 유명하고 낯익은 실험 이야기를 하겠습니다. 결론부터 말씀드리죠. 아이의 재능 말고 노력하는 자세를 칭찬해야 한다는 지적입니다.

미국 컬럼비아 대학교에서 심리학을 가르치던 캐롤 드웩Carol Dweck 교수가 400명의 5학년 학생들을 대상으로 실험을 했습니다. 퍼즐을 풀게 한 후에 A 그룹 아이들에게는 "야, 너 참 똑똑하구나"라고 말해줬습니다. 타고난 재능을 칭찬한 것이죠. B 그룹 아이들에게는 "굉장히 노력을 많이 했구나"라며 칭찬했습니다. 재능이 아니라 노력을 칭찬했던 것입니다. 길지도 않았습니다. 딱 한 줄 칭찬이었습니다.

이제 다음 단계의 퍼즐을 풀 차례가 되었습니다. 여기서 아주 중요한 차이가 확인됩니다. A 그룹 아이들의 상당수는 쉬운 퍼즐을 선택했고, B 그룹 아이 중 많은 수는 더 어려운 퍼즐을 택했습니다.

왜 그랬을까요? A 그룹은 계속 똑똑해 보이길 원했습니다. 실수하면 바보 같은 거라고 생각한 아이들은 쉬운 퍼즐을 택했습니다. B 그룹 아이들은 달랐습니다. 새롭게 도전하는 모습을 보여주고 싶었습니다. 그래서 어려운 문제에 도전했던 것이죠.

결론은 명확합니다. 지능, 외모, 목소리, 운동 능력 등 타고난 재능을 칭송해서는 안 됩니다. 대신 열심히 공부하고 가꾸고 연습하는 노력의 자세를 칭송해야 합니다.

"노력해서 멋있다."

"끈기 있게 힘든 걸 해냈다. 훌륭하다."

"당당하게 생활하는 태도가 좋아."

"잘했다. 그렇게 집중하면 문제를 풀 수 있어."

노력 칭찬 말고도 좋은 칭찬의 또 다른 조건이 있습니다. 구체적이

추상적 칭찬 말습관	구체적 칭찬 말습관
수학 공부 열심히 한 거 훌륭하다.	수학 문제를 꼼꼼히 읽으려고 노력했어. 훌륭해.
도와줘서 고마워.	고마워. 책상 정리하는 거 특히 힘들었을 텐데.
오늘 예쁘다.	티셔츠 그림이 예쁘다. 치마 색깔도 잘 골랐어.

어야 합니다. 추상적이며 모호한 칭찬은 효과가 약합니다.

구체적인 칭찬을 받은 아이는 자신이 뭘 잘했는지 알게 됩니다. 그 구체적인 행동을 또 반복하며 발전의 길을 찾을 확률이 따라서 높아지겠죠.

그런데 여기까지는 비교적 쉽습니다. 좋은 칭찬이 하늘의 별 따는 것처럼 어렵지는 않아요. 부모는 좋은 칭찬을 활용해서 아이가 곧게 크도록 인도할 수 있어요. 그런데 문제는 아이가 가만있지 않고 성장한다는 점이죠.

아이가 크면 좋은 칭찬이라는 게 무력해집니다. 아이는 칭찬을 건성으로 듣고 감동도 하지 않게 되죠. 칭찬의 의도를 꿰뚫는 투시력도 갖게 됩니다.

독일 빌레펠트 대학의 울프-우베 마이어Wulf-Uwe Meyer 교수의 한 연구에 따르면, 만 열두 살 정도가 되면 칭찬이 가짜일 수 있다는 것을 알게 된다고 하더군요. 칭찬이 순수하지 않은 '작전'이라면 들통날 수 있는 겁니다. 칭찬을 활용해 아이를 움직이고 통제해왔던 부모에게는 난관입니다. 어느 날부터 부모의 칭찬이 서서히 힘을 잃습니다. 칭찬의 무력화는 부모가 겪게 되는 큰 좌절 중 하나입니다.

아이들이 커서 지적 능력이 높아지고 독립성을 갖게 되면, 부모의 칭찬도 진화해야 합니다. 저희 부부가 깨달은 칭찬의 규칙이 있습니다. 수평적 칭찬, 찬사, 감정 고백 칭찬이면 효과가 높습니다.

가장 중요한 것은 수평적인 칭찬의 기술인 것 같아요. 아이가 중고등학생이 되면 강아지 칭찬하듯이 하지 마세요. 동등한 위치에서 칭찬하는 걸 택해야 합니다. 가령 자식이 아니라 친구를 칭찬할 때의 태도가 필요한 것입니다. 예를 들어볼게요.

"아빠는 고등학교 때 공부는 안 하고, 아주 가끔 나쁜 짓도 했어."
"엄마는 책 읽기가 그렇게 싫었어. 왜 그랬는지 몰라."

높은 곳에서 아이를 가르쳐 왔던 부모로서는 자존심이 상할 수 있는 말입니다. 권위가 땅에 떨어질 소리입니다. 그런데 아이가 크면 어쩔 수 없어요. 권위를 포기할 때 아이가 마음을 엽니다. 자신을 낮춰 수평하게 만든 후에 하는 칭찬이 아이의 마음에 가닿을 겁니다.

수평적 칭찬에 만족하지 말고 관계를 역전시킬 수도 있어요. 띄우기 칭찬을 하는 것이죠. 아이가 나보다 더 우월하다고 노골적으로 치켜세우는 겁니다.

"아빠도 너만큼 열심히 공부하지는 못했다."
"엄마는 대입 때문에 너무 겁나서 잠도 못 잤어. 너는 용감한 것 같다."
"지치지 않고 노력하는 모습이 멋있다. 아빠도 보고 배운다."

친구에게 하듯이 '찬사'를 보내면 됩니다. 아이는 깜짝 놀랄걸요. 평생 하늘 같은 존재였던 부모가 자신을 더 높이 인정해주면 힘이 날 수밖에 없습니다. 정말 하늘을 날아가는 기분일 겁니다.

부모가 자신의 마음을 고백해도 칭찬 효과가 높아요. 아이의 행동이 나에게 감동을 준다는 사실을 분명히 하는 것이죠.

"니가 이렇게 하니까 내 기분이 참 좋다."

"네가 웃으니까 엄마 아빠가 행복하다."

"오늘 정말 열심히 공부한 것 같네. 감동이다."

자신이 부모를 기쁘게 하는 것은 정말 행복한 경험입니다. 그 기분을 아이는 오래 기억할 것입니다.

따지고 보면 수평적 칭찬, 찬사, 감정 고백 칭찬은 다 연결되어 있습니다. 부모로서는 희소식입니다. 하나에 익숙해지면 다른 것도 쉽다는 이야기입니다. 친구처럼 수평적으로 대하면 때로는 높이 띄워서 찬사를 하게 되고 또 찬사는 감동 고백과 다르지 않거든요. 부모의 칭찬이 이렇게 업그레이드되면 아이가 부모를 좋아할 것입니다. 아이가 절실히 원하는 자존감을 부모와의 대화에서 얻는다면, 부모는 아이의 친구가 됩니다. 친구와는 학교 성적 문제도 솔직히 이야기하겠죠. 부모가 아이 공부에 도움 줄 길이 열리는 것입니다.

때로는 높은 기대가 좋은 성적을

“넌 당연히 좋은 대학 가야 해”

엄마 아빠의 부담 주는 잔소리가 꼭 나쁘지만은 않아요. 자녀에게 큰 도움이 될 수도 있습니다.

“너는 좋은 대학교에 가야 한다.”

“꾹 참고 좀 더 열심히 공부해야 한다.”

“현재의 쾌락이 아니라 미래를 위해 살아야 좋은 대학 간다.”

우리 사회 부모들이 무한 반복하는 잔소리입니다. 이런 말을 하면서도 개운하지 않아요. 듣기 싫어하는 아이에게 미안하기도 하고 또 효과도 있을까 싶습니다.

그런데 희소식이 있습니다. ‘높은 기대감을 표현하는 잔소리’가 자녀에게 유익할 뿐 아니라 장래에 성공적이게 만든다는 주장이 있습니다. 영국 에식스 대학의 연구원 에리카 래스콘-라미레즈Ericka Rascon-Ramirez가 2015년 발표한 논문[4]이 기쁜 소식입니다. 결론은 간단해요. 기대 수준이 높은 엄마의 잔소리가 딸을 성공하게 만든다는 겁니다.

구체적으로 보면, 부모의 압력을 받은 아이는 대학교에 갈 가능성이 높고, 10대 때 임신할 확률은 낮습니다. 엄마의 잔소리는 대학 졸업 이후에도 영향을 끼칩니다. 잔소리를 들었던 아이들은 나중에 더 많은 급여를 받는 직업을 갖게 되며, 성공적인 남성을 만날 확률도 높아진다는 것입니다. 영국 여성 1만5550명을 대상으로 한 조사였다고 합니다.

영국 엄마의 잔소리 내용은 뻔한 것이었습니다. "미래를 생각하면서 결정을 내려라" "10대 때 임신은 인생을 망친다" "시간 관리를 잘해라" "미래를 위해 큰 희망을 가져라" 등이었습니다. 아이들은 이런 뻔한 잔소리를 싫어하면서 자신도 모르게 받아들이고 따른다는 게 연구자의 설명입니다. 맞는 이야기인 것 같아요. 아이들은 엄마 아빠의 간섭을 싫어하면서 결국 부모의 말을 귀담아듣게 됩니다. 아이의 인생에 가장 큰 영향을 끼치는 존재는 싫건 좋건 부모입니다.

사실 잔소리라는 게 기대감의 표현인데요. 기대하는 말을 많이 들은 아이는 부모의 기대를 내면화하게 됩니다. 부모의 높은 기대에 맞게 살아야 한다는 생각을 하게 되는 것이죠. 아이가 더 도덕적이며 더 성실한 삶을 지향할 가능성이 높아진다는 이야기입니다. 물론 적절한 수준의 기대감이어야 할 겁니다. 과도하면 아이들은 귀를 닫아버릴 테니까요. 아래는 기대감을 담은 말입니다. 아이의 자기 평가를 높이는 효과도 있습니다.

"너는 좋은 대학에 가야 해. 너에게는 그런 능력이 있어."

아이를 높이 평가하는 잔소리입니다. 너에게는 아주 큰 잠재력과 가능성이 있다고 말해주는 것이 아이를 강하게 만들 것입니다.

책에서 본 일화를 하나 소개할게요. 《성적 급상승의 비밀》에서 본 것입니다. 저자는 '공신닷컴'의 멘토 유상근 씨입니다. 그는 중학교 때 공부는 하지 않고 온갖 사고를 다 저지르고 다녔다고 합니다. 그런데 어느 날 선생님이 손을 잡고 이렇게 말씀하셨다고 하네요.

"지금 네가 있는 자리는 네 자리가 아니다. 빨리 네 자리로 돌아와라."

전교 200등도 못하는 학생은 어리둥절했습니다.

선생님은 "너는 원래 공부를 잘할 수 있는 아이"라고 말해줬습니다. 큰 기대감을 표현한 것인데 이 말이 학생의 삶을 바꾸게 됩니다. 공부에 몰입해서 성적을 급상승시킨 것입니다.

제자의 잠재력을 믿고 기대감을 따뜻하게 표현한 선생님은 감동적입니다. 자녀를 성공적으로 기르는 방법을 알려주는 좋은 사례인 것 같네요.

성장 마인드셋을 심어주는

부모 말투

"사람은 노력하면 발전해. 너도 얼마든지 좋아질 거야."

"게임처럼 사람 능력치도 레벨 업 된다."

"문제를 세 번만 풀어 봐. 분명히 이해할 수 있어."

"이번 시험은 못 봤네. 하지만 기회는 얼마든지 많아. 아직 안 끝났어."

"너는 좋은 대학에 못 갈 거라고? 누가 그래? 아직은 몰라."

"조금씩만 향상되는 것으로 충분해. 조급해하지 마."

"단점이 있지만 나아질 거야. 조금씩 고치다 보면 다 고쳐질 거야."

"난 암기를 잘 못해. 하지만 몇 번 더 외우면 돼."

"계획을 세우지 않으면 겁쟁이가 돼. 공부가 무서워지는 거야."

"매일 작은 계획을 세우고 실천해봐.
하루하루 짜릿한 성취감을 느낄 수 있어."

"오늘 계획을 이뤘다고? 정말 훌륭하다. 엄마 아빠도 너무 행복해."

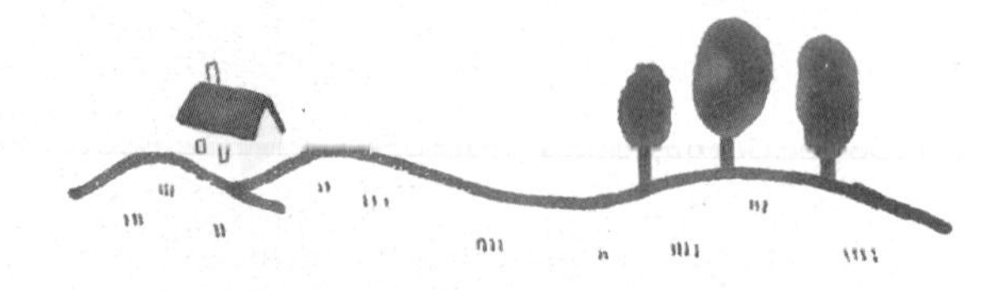

말습관 4

'강요' 말고 '당부'해주세요

유능한 부모는 구체적으로 지적해서 아이가 문제를 빨리 고치게 돕습니다. 구체적으로 말하는 부모는 또한 아이의 마음을 보호합니다. 상처 주지 않고 문제를 고치도록 이끄는 것이죠. 그것도 모르냐고 윽박지르며 소통을 차단하는 부모는 고득점의 방해자입니다. 다정하고 논리적으로 대화하는 부모가 아이의 성적을 올립니다.

학습 태도 지적은 구체적으로

"시험 전에 심호흡해볼까?"

아이의 나쁜 공부 태도는 꼭 고쳐줘야 합니다. 그런데 주의할 게 있습니다. 구체적으로 지적해야 합니다. "운동을 많이 하세요"라고 두루뭉술 말하는 의사보다는 "하루에 10분 이상 숨 가쁘게 운동하세요"라는 의사가 유능합니다.

유능한 부모는 구체적으로 지적해서 아이가 문제를 빨리 고치게 돕습니다. 구체적으로 말하는 부모는 또한 아이의 마음을 보호합니다. 상처 주지 않고 문제를 고치도록 이끄는 것이죠.

미국의 교육학 박사 페그 도슨Peg Dawson이 미국의 교육 정보 사이트childmind.org에 기고한 글[1]에서 강조합니다. 학습 태도를 구체적으로 평가해야 자녀의 성적이 좋아집니다.

가령 공부나 숙제를 하지 않고 미루는 아이들이 있다고 해볼게요. 부모는 어떻게 말을 해야 할까요.

1) 너는 숙제하는 태도가 나쁘다.

2) 너는 문제 풀 때 서두른다.

3) 너는 아주 게을러.

4) 너는 숙제를 미뤘다가 하는 습관이 있다.

'1'과 '3'은 추상적입니다. 지적이 추상적이면 문제가 두 가지입니다. 아이로서는 모호해서 뭘 고쳐야 할지 알 수 없습니다. "태도가 나쁘다"고 했는데 어떤 태도를 어떻게 바꿔야 하는지 알기 어렵습니다. "너는 게으르다"는 지적을 듣고는 언제 어떤 경우에 행동을 빨리해야 할지 판단하는 게 쉬운 일이 아닙니다.

지적이 추상적인 경우에 문제가 생깁니다. 아이에게 상처가 될 수 있습니다. "태도가 나쁘다"거나 "게으르다"는 말은 인신공격에 해당합니다. 아이에게 근본적인 결함이 있다는 비난입니다. 아이가 기분 좋을 리가 없습니다. 엄마 아빠를 자기도 모르게 싫어하게 되겠죠.

'2'와 '4'는 구체적입니다. 인격에 대한 공격이 아니라서 아이는 반감을 덜 가질 겁니다. 또 구체적으로 뭘 고쳐야 하는지 명확합니다. 아이는 문제 풀 때 천천히 하면 실수가 적을 것이고, 숙제는 일찍 시작하는 게 좋겠다고 생각할 겁니다.

'1'과 '3'은 좋지 않습니다. '2와 '4'처럼 구체적인 문제점을 찾아내서 말해주는 것이 성적 향상에도 도움을 줄 겁니다. 구체적으로 친절하게 지적할 수 없다면 아예 함구하는 것이 나을 것 같습니다.

추상적·모호한 지적	구체적·뚜렷한 지적
덤벙거리지 마.	시험 문제를 한 글자도 빼먹지 말고 읽어보자.
왜 그렇게 서둘러?	혹시 좀비에게 쫓기는 기분이니? 천천히 해도 돼.
마음을 가라앉혀라.	시험 보기 전에 심호흡 다섯 번만 하자.
선생님 말씀 잘 들어.	선생님이 말씀하시면 토끼가 돼야 해. 귀를 쫑긋 세우는 거야.

또 다른 예를 볼게요. 아이가 고쳐야 할 것은 구체적으로 지적하는 게 좋습니다. 그냥 "덤벙거리지 마"라고 말하는 것보다 "시험 문제를 한 글자도 빼먹지 말고 읽어보자"가 좋습니다. "마음을 가라앉혀라"보다 "시험 보기 전에 심호흡 다섯 번만 하자"가 낫고요.

또 비유를 들어도 효과가 높아집니다. "선생님 말씀 잘 들어"보다 "선생님이 말씀하시면 토끼가 돼야 해. 귀를 쫑긋 세우는 거야"라고 말하는 겁니다. 아이에게 더욱 선명하게 들릴 겁니다.

게임하지 말고 진짜 쉬게 하려면

"뇌를 인공호흡 할 시간이야"

적절히 쉬지 않으면 성적이 떨어집니다. 잘 쉬어야 능률이 오르고 집중력도 되살아납니다. 그런데 문제는 아이들이 스마트폰 게임이나 TV를 보면서 쉬려고 한다는 것이죠. 어른들도 해봐서 압니다. 전자기기를 갖고 쉬는 것은 온전한 휴식이 될 수 없습니다. 오히려 몸은 나른하고 정신은 몽롱해질 뿐입니다. 게임을 하거나 TV를 보는 휴식이 길어지면 이를 말려야 합니다.

많은 경우 부모들은 이런 말을 합니다.

"게임하면서 쉬면 안 좋아."

"TV 보면서 쉬면 공부가 더 안 된다. 제발 말 좀 들어라."

사실입니다. 그런데 사실이면 뭐합니까. 무미건조해서 전달이 되지 않습니다. 이런 상투적 표현들을 넘어서야 아이의 정서적 반응을 일으킬 수 있습니다. 이렇게 말하면 어떨까요?

"이제 뇌에 인공호흡 할 시간이야."
"너의 뇌에 산소를 공급해야 해."
"브레인 CPR(심폐소생) 타임이야."

쉬면서 뇌에 산소를 공급해야 다시 집중력이 되살아난다는 이야기입니다. 긴박감을 주면서 귀를 솔깃하게 만드는 이 이야기에 과학적인 근거를 덧붙여주세요.

"쉴 때는 뇌에 산소를 공급해야 해. 일어나서 방 안을 몇 분 걸어봐. 오랫동안 앉아 있으면 혈액이 몸 아래쪽에 몰리거든. 알겠지만 중력 때문이야. 영어로는 'gavity'라고 하지. 우리가 걸어 다니면 몸 전체로 혈액이 공급돼. 뇌에도 마찬가지지. 결과적으로 산소가 뇌에 더 많이 공급되는 거야. 정신이 맑아지는 게 당연하지."

위는 미국 캔자스 대학 홈페이지에 소개된 교육 정보[2]를 참고한 것입니다. 가볍게 걷는 것이 왜 중요한지 알게 됩니다. 산책, 집안 걷기, 체조 등 가벼운 운동이 필요한 이유를 잘 설명하고 있습니다.

위와 같이 근거를 제시해야 아이의 마음이 움직여서 설득될 확률이 높아집니다. 스마트폰이나 TV와 노는 시간이 줄어들 가능성이 올라가는 것입니다.

상투적인 표현은 싱겁습니다. 생생하며 감각적인 표현이 호소력 높습니다. 아이에게 내성이 생기면 좀 더 발전시킨 문장을 써도 좋을 것입니다.

"뇌가 공부하느라 고생했는데, 또 게임하면 뇌 학대야."

"비명 소리가 들리지 않아? 뇌가 살려달라고 지르는 비명 말이야."

부모들은 아이가 게임에 정신 팔렸다고 걱정합니다. 어떻게든 뜯어말리려고 하죠. 그런데 전쟁은 시작하지 말라고 당부하고 싶어요. 현실을 보면 컴퓨터 게임하지 않는 아이는 거의 없습니다. 서울대나 의대에 진학한 아이들도 고3 시절 틈만 나면 게임하는 걸 보았고, 또 그랬다고 들었습니다. 영재고에 입학한 아이도 집에 오면 새벽까지 게임에 몰두한다는 부모의 걱정을 들었습니다. 유튜브의 공부법 관련 영상을 봐도 이른바 일류대학에 들어간 학생들이 "고교 시절 야자 시간에 PC방 가서 롤게임 했다"고 말하는 경우가 수두룩합니다.

아이가 게임을 안 하면 좋겠죠. 그러나 현실에는 게임하지 않는 아이가 극소수입니다. 부모의 현실적인 목표는 게임 시간을 줄이는 것입니다. 가속도가 붙지 않도록 브레이크를 건다는 생각으로 가끔 제한을 두는 것으로 만족해야 할 것 같습니다.

성적 갉아먹는 습관 고치기

"다른 건 그대로, 이것만 바꿔보자"

'왜 우리 아이는 시험 점수가 낮을까?'

전 세계 학부모가 궁금해하는 문제입니다. 교육 전문가들의 숫자만큼 진단도 다양하지만 핵심 내용은 결국 비슷합니다.

영국의 교육 업체인 옥스포드 러닝Oxford Learning이 제시한 자료[31]를 보면 정리가 잘 되어 있습니다. 이것만 봐도 충분할 것 같습니다. 성적이 낮은 이유는 여덟 가지입니다.

첫 번째로 읽기 능력이 문제입니다. 글을 읽고 이해하는 능력이 부족하면 시험 문제를 이해 못할 테니 점수가 낮아집니다. 어릴 때 독서가 요긴한 것은 그래서입니다. 하지만 고등학생이라고 포기할 이유가 없죠. 교과서와 참고서 그리고 시험 문제를 또박또박 집중해서 읽는 연습을 하면 성적 향상이 가능합니다.

두 번째는 어수선한 생활이 성적을 갉아 먹습니다. 생활이 정리 정돈되어야 합니다. 일어나고 학교 가고 밥 먹는 시간이 정해져 있어야죠. 공부할 시간, 놀 시간, 쉴 시간, 학원 갈 시간도 정해놓아야 합니다. 아이의 머릿속도 정리 정돈되어야 해요. 다음 시험 기간, 숙제 내용, 자신이 놀아도 되는 데드라인 등을 기억해야 합니다. 생활과 머릿속이 정돈된 아이가 공부를 잘합니다.

성적이 낮은 세 번째 원인은 낮은 커뮤니케이션 능력입니다. 선생님이나 부모님과 의사소통을 잘 못하면 성적이 낮아집니다. 그것도 모르냐고 윽박지르며 소통을 차단하는 부모는 고득점의 방해자입니다. 다정하고 논리적으로 대화하는 부모가 아이의 성적을 올립니다.

네 번째로 집중력이 문제입니다. 특히 수업 시간에 집중하지 못하면 큰 낭패입니다. 선생님 말씀은 하나하나가 보석, 혹은 희귀한 게임 아이템과 같은 것이라고 말해주세요.

다섯 번째로는 건강하지 못한 생활이 낮은 성적의 원인입니다. 잠이 부족하거나 적절히 먹지 않으면 공부를 잘할 수 없습니다. 몸이 피곤하고 약한데 공부가 될 리 없습니다.

자신감 상실이 여섯 번째 원인입니다. 아이가 낮은 점수를 받아도 부모가 아이의 노력을 진심으로 인정해주고 믿어줘야 하는 이유입니다. 또 작은 성공의 경험이 필요합니다. 쉽고 간단한 것부터 천천히 익혀나가게 해야 하는 것이죠.

성적이 낮은 일곱 번째 이유는 동기 결핍입니다. 동기 부여가 안 되면 아이는 공부하지 않는 게 당연합니다. 이 책의 2장에서도 다뤘습니다.

마지막으로 시험 보는 기술이 부족해도 성적이 낮게 나옵니다. 시간 배분 능력이나 포기할 문제를 결정하는 판단 능력 등이 필요한 것이죠.

사실 누구나 알고 또 중요한 내용입니다. 이 책에서도 소통, 자신감, 동기 부여, 집중력 문제의 해결 방안을 제시하고 있습니다. 그런데 주의할 점이 있습니다. 서두르지 말아야 합니다. 만일 학습 장애의 원인들을 일거에 제거할 수 있다면 아이는 쉽게 1등을 하고 100점을 받을 수 있을 겁니다. 논리적으로 그렇습니다. 하지만 그런 혁명은 불가능합니다. 나쁜 공부 습관을 한꺼번에 고칠 수는 없습니다. 하나씩 고치는 것만 가능합니다.

아이로서도 하나씩 개선하자는 제안이 낫습니다. 부담이 없으니까 제안을 받아들일 가능성이 높아집니다. 혁명적 변화보다는 하나씩 변화를 일으킨다고 생각해야, 1등으로 향하는 길이 열립니다.

예를 들어 보겠습니다. 집중력 부족이 성적 저하의 주된 원인입니다. 수업 시간에 집중만 해도 성적은 많이 오릅니다. 저희 부부는 아이에게 아래와 같이 호소했고 효과를 봤습니다.

"수업 시간에만 집중하자. 다른 건 요구하지 않겠다. 앞으로 3주일만 해보자. 선생님이 말씀을 하나도 놓치지 말자. 딱 21일이야. 성적이 대폭 오를 거다. 분명히."

부모는 자녀의 성적이 낮은 가장 큰 원인이
무엇인지 판단해야 합니다.
그 문제점 하나만 고치자고 제안합니다.
다른 것은 필요 없으며 요구하지도 않겠다고 약속하세요.

건강하지 않은 생활 습관을 고치고 선생님과의 소통을 늘리고 스마트폰 사용을 줄일 때도 이런 방법이 효과적입니다.

"아침 7시에 스스로 일어나자. 그것이면 충분해. 다른 것은 지금까지 하던 대로 하면 된다. 열흘만 해보자."

모르는 것이 있어도 선생님께 질문하지 않는 아이가 적지 않아요. 적극적으로 묻고 답을 구하면 성적이 급상승할 수 있는데, 안타까운 일입니다.

"이해 안 되는 건 선생님께 꼭 여쭤봐. 오직 그것만 해줘."

자신감이 부족한 아이에게는 매일 10분씩 '자신감 대화'를 갖자고 제안하면 어떨까요? 대화를 통해서 아이가 자신의 강점을 깨닫도록 돕는 것입니다. 이런 대화가 가능할 겁니다.

"오늘 발견한 너의 장점은 뭐야?"
"나는 지금 성적은 좋지 않지만 그래도 끈기가 있어요."
"맞아. 엄마도 그렇게 생각해. 너는 어릴 때부터 지구력이 대단했어. 인내심도 강하고. 성적이 많이 오를 거야."
"나는 또 성실해요. 해야 할 일은 꼭 하죠. 숙제도 빠뜨리지 않아요."
"그래. 넌 누구보다 성실해. 최대 장점이다. 곧 우등생이 될 거야. 틀림

없어!"

무엇이 되었건 딱 하나만 목표로 해서 생활하면 됩니다. 한 가지를 실천하는 기간은 임의로 정하면 됩니다. 새로운 습관이 생기는 데 드는 시간이 평균 66일이라고 하니, 수업 집중 훈련을 66일 동안 해보자고 제안할 수 있겠죠.

하지만 사람마다 습관 저항성 강도는 달라요. 66일도 되고, 21일도 되고, 7일일 수도 있습니다. 아무튼 일정한 기간을 두고 나쁜 습관 하나를 버리는 훈련을 반복해보세요.

정리할게요. 부모는 자녀의 성적이 낮은 가장 큰 원인이 무엇인지 판단해야 합니다. 그 문제점 하나만 고치자고 제안합니다. 다른 것은 필요 없으며 요구하지도 않겠다고 약속하세요. 그리고 조용히 지켜봅니다. 아이가 분명히 성장할 것입니다. 100점과 1등을 향한 길이 열릴 수 있습니다. 다만 욕심내지 말아야 할 겁니다. 욕심쟁이 부모가 아이 성적 향상의 기회를 날리고 아이와의 관계도 망가뜨립니다.

나쁜 성적표에 대처하는 법

“조금 더 노력하면 훨씬 좋아질 거야”

아이가 실망스러운 성적표를 가져왔다고 가정해볼게요. 아이의 성적표를 손에 쥔 부모는 어떤 표정으로, 어떤 말을 해줘야 할까요?

아이의 성적 결정 요인은 교육 환경, 노력의 정도 등 매우 여러 가지가 있습니다. 그런데 중요한 게 하나 더 있어요. 바로 부모의 반응입니다. 특히 자녀의 성적을 본 순간이 결정적입니다. 성적표를 손에 쥔 부모의 표정과 말이 자녀의 다음 성적에 큰 영향을 끼칠 수 있습니다.

1980년대에 진행된 유명한 연구가 있습니다. 약 8,000명의 고등학생과 4,000명의 학부모 및 교사를 대상으로 연구를 진행한 샌포드 M. 돈부시Sanford M. Dornbusch 교수(미국 스탠퍼드 대학교, 사회학)에 따르면, 성적표를 본 부모의 반응에 따라 아이의 미래 성적이 달라졌습니다.

자녀의 낮은 성적표를 받은 부모는 다섯 가지 반응을 보인다고 하는데, 가장 나쁜 반응은 실망입니다. 부모의 표정이나 말에서 실망이 역력하면, 아이의 다음 성적이 크게 떨어질 수 있다고 합니다.

원인은 죄의식과 무능감입니다. 가령 부모가 "아니, 이 점수가 뭐니? 너무 실망이다"라고 말하면서 한숨을 내쉰다고 생각해보세요. 아이는 자신이 잘못해서 부모에게 실망의 고통을 준다고 생각할 것입니다. 동시에 자신이 무능하다는 확신도 갖게 됩니다. 이런 죄의식과 무능감은 마음을 무겁게 해서 공부 방해의 원인이 됩니다. 실망하는 부모가 아이의 성적을 더 떨어뜨리는 악순환이 벌어집니다.

성적이 낮다고 벌을 주거나 야단치는 것도 실망 못지않게 나쁜 반응입니다. 공부를 못한다고 벌을 받은 아이는 벌을 피하기 위해서 공부하게 됩니다. 공부에 대한 의욕 없이 강제 노역을 하듯이 공부하는 것이죠. 성적이 좋아질 리 없습니다.

그리고 얼어붙은 듯 아무 말도 하지 않는 무반응 부모도 아이에게 상처를 줄 뿐 아니라 미래의 학업을 망칩니다. 부모가 성적표를 손에 쥐고 입을 다물면 침묵의 시간이 흐릅니다. 아이는 단절을 예감할 것입니다. 성적을 못 내면 부모와의 관계가 끝날 수도 있다고 판단하게 되는 것이죠. 실패가 두려워지면 공부에 적극적일 수 없습니다.

부모의 나쁜 반응 중 마지막 네 번째는 물질적 보상을 제시하는 것입니다. 가령 다음에 성적이 오르면 좋은 휴대폰을 사주겠다고 약속하는 것이죠. 물론 단기 효과는 있을 수 있죠. 그러나 아이가 공부를 수단 정도로 생각하게 됩니다. 또 학년이 올라가면 물질적 보상만으로는 아이를 유인할 수 없습니다. 물질적 보상을 버릇처럼 내놓는 부모는 아이의 장래 성적을 떨어뜨리는 결과를 초래합니다.

그러면 나쁜 성적표를 앞에 둔 부모는 어떻게 반응하는 게 좋을까요. 바로 '차분한 응원'이 필요하다고 돈부시 교수는 강조했습니다[4]. 실망이나 야단치는 게 아니라 응원을 해야 하며, 그 응원의 톤도 격하지 않아야 한다는 뜻입니다. 돈부시 교수는 자신이라면 이렇게 말하겠다고 밝혔습니다.

"아빠는 안다. 네가 조금만 더 노력하면 훨씬 향상될 거다."

평범한 말이지만 여러 메시지가 숨어 있습니다. 먼저 아빠가 아이를 신뢰한다는 뜻이 담겨 있습니다. 또 성적이 낮다는 사실도 지적하고 있습니다. 아울러 노력을 통해서 낮은 성적을 높일 수 있다는 낙관도 읽힙니다.

요약하면 '신뢰'와 '독려'가 필요하다고 하겠습니다. 응용해서 이렇게 말하면 되겠죠.

"고생했어. 그런데 점수가 높지 않네. 문제집을 지난번보다 한 권만 더 풀어보자. 분명히 점수가 오를 거야."

"TV 보는 시간을 조금만 줄이면 어떨까? 틀림없이 성적이 오를 거야. 엄마는 확신해."

엄마 아빠가 아이를 믿는다는 느낌이 담겨 있습니다. 또 조금만 노력해도 성적이 쑥 오를 거라는 응원입니다.

부모는 마음 수양도 많이 해야 합니다. 실망스러운 성적표라고 정말 실망해버리면 안 됩니다. 화를 내거나 물질적 보상으로 동기 부여하는 것도 좋지 않고요. 대신 성적이 분명히 오를 테니 조금만 더 노력하자고 차분하게 응원하는 게 맞습니다. 이때 필요한 것은 부모의 마음 수양입니다. 부모의 불안과 조급함을 먼저 줄여야 하는 것입니다.

다그치지 않고 공부 태도를 고치는

부모 말투

"시험 보기 전에 심호흡 다섯 번만 하자."

"선생님이 말씀하시면 토끼가 돼야 해. 귀를 쫑긋 세우는 거야."

"아침 7시에 스스로 일어나자. 다른 것은 지금까지 하던 대로 하면 된다. 열흘만 해보자."

"이해 안 되는 건 선생님께 꼭 여쭤봐. 오직 그것만 해줘."

"수업 시간에만 집중하자. 다른 건 요구하지 않을게. 3주일만 해보자."

"시험 문제를 한 글자도 빼먹지 않고 읽어보자."

"이제 뇌에 인공호흡 할 시간이야. 너의 뇌에 산소를 공급해야 해."

"뇌가 공부하느라 고생했는데, 또 게임하면 뇌 학대야."

"오늘 발견한 너의 장점은 뭐야? 그래, 맞아. 너는 끈기가 있어."

"TV 보는 시간을 조금만 줄여보자. 틀림없이 지난번보다 성적이 오를 거야."

감정을 다독여야 공부에 몰입해요

성적 향상의 절대 조건이 있습니다. 아이가 가출하지 않아야 합니다. 천재적인 학습 능력을 가졌어도 가출하면 성적은 치명타를 입습니다. 하지만 내 아이는 가출하지 않았다며 안심하지는 마세요. 실제 가출이 아니어도 집이 싫어서 아이의 마음이 집을 떠난 경우는 허다합니다. 이런 정신적 가출도 공부를 가로막는 장애물입니다.

걱정이 많아 성적이 나쁜 때

"대부분 일어나지 않을 일이야"

어느 부모나 마찬가지입니다. 자녀 마음을 밝게 만들고 싶습니다. 걱정 없는 아이가 되기를 바랍니다. 행복한 아이가 성적도 높습니다. 걱정이 많은 아이가 공부를 잘하는 건 불가능합니다. 공부에 에너지를 다 쏟을 수 없기 때문이죠.

그래도 아이들은 크고 작은 걱정에 시달립니다. 어떻게 도와야 할까요. 힘이 되는 말을 해주는 게 중요합니다. 저희는 이렇게 말을 해줬습니다.

"걱정한다고 내일이 밝아지지 않아. 오늘이 어두워질 뿐이야."

"걱정은 할수록 커져."

"걱정하는 일 중 대부분은 일어나지 않는 일이야."

마크 트웨인의 명언도 도움이 됩니다.
"나는 이제 노인이다. 지금까지 걱정을 굉장히 많이 했는데 대부분은 일어나지 않았다."

셰익스피어는《맥베스》에서 이렇게 말했습니다.
"지금 하는 걱정들은 모두 끔찍한 상상에 불과하다."

미국 작가 데일 카네기의 따끔한 조언도 괜찮을 것 같네요.
"잠을 잘 수 없으면 누워서 걱정만 하지 말고 일어나서 뭐든 해봐요. 당신이 괴로운 건 걱정 때문이지 잠이 부족해서가 아닙니다."

지나친 걱정은 해롭다고 어릴 때부터 알려주는 것이 좋습니다. 아이의 마음 건강은 물론 성적 향상을 위해서도 신경을 많이 써야 할 부분입니다.

하지만 걱정을 없애는 건 참 어렵습니다. 순전히 상상인 줄 알면서도 걱정이 머릿속을 떠나지 않죠. 지울 수 없다면 구체적인 걱정 처리 방법을 알려주는 것도 좋을 것 같아요. 저희가 알아낸 두 가지가 있습니다.

먼저 '걱정 노트'를 만들도록 하는 방법입니다. 미국 심리학자 에스터 민스코프Esther Minskoff 박사가 저서[1]에서 추천한 것입니다. 이렇게 말해보세요.

"걱정이 떠오르면 노트에 적어놨다가 나중에 다시 생각해봐."

공부하는 중에 걱정거리를 해결하지 말라고 일러줍니다. 친구와의 갈등, 내일 입을 옷, 그 아이의 알 수 없는 말, 미운 선생님 등이 떠오르면 걱정 노트에 적어둡니다. 그리고 나중에 몰아서 되돌아보는 것이죠. 결국 알게 될 겁니다. 나를 괴롭혔던 걱정거리가 사실은 아무것도 아니라는 것을요. 무시해도 된다는 걸 알게 되겠죠.

걱정 노트를 만드는 것도 번거롭다면 '걱정 타임'을 마련하는 방법도 있습니다. 미국 심리학자 도린다 램버트Dorinda Lambert 박사가 캔자스 주립대 홈페이지에 소개한 문서[2]에 나오는 내용인데요. 간단합니다. 걱정거리를 집중적으로 생각할 시간을 따로 마련하는 겁니다. 가령 매일 오후 7시부터 약 20분 동안 그날의 걱정거리에 집중하는 것입니다. 이렇게 이야기를 꺼내보세요.

"걱정 타임이라고 들어봤니?"

"그때그때 걱정하지 말고, 오후 7시에 몰아서 걱정하는 건 어떨까?"

요약하자면 걱정거리가 있어도 하루 종일 걱정하지 말고 '나중에 몰아서 걱정하자'는 뜻입니다. 걱정할 때 걱정하고, 놀 때는 놀고, 공부할 때는 공부에 집중하자는 의미가 숨어 있죠.

램버트 박사에 따르면 이런 걱정 타임을 만들어 놓으면 걱정이 35% 정도 줄어든다는 연구 결과가 있다고 합니다. 우리 아이들도 걱정에서 벗어나 공부에 더욱 집중할 수 있을 겁니다.

저희의 경험 한 가지를 말씀드리겠습니다. 남편은 몰랐던 일입니다. 아이가 고3 때였는데 아내가 유방암 정기 검진을 받고 걱정에 빠졌습니다. 검진하는 의사의 표정이 어두웠고 다른 때보다 시간이 훨씬 오래 걸렸기 때문이죠. 검사 결과를 기다리는 일주일 동안 아내는 확신했습니다. 큰 병에 걸린 것이 틀림없다고 믿은 것입니다. 그런데 자신이 살고 죽는 건 둘째 문제였습니다. 고3인 아이에게 나쁜 영향을 끼칠 것 같아 앞이 깜깜했어요. 아이를 걱정시키는 엄마가 된다는 게 얼마나 슬프고 미안한지 그때 절감했습니다. 큰 병이라면 이렇게 말해줘야지 하면서 대사도 미리 준비했어요.

> "엄마는 아프다. 그런데 너는 고3이야. 네가 걱정하는 게 싫다. 네가 걱정하면 엄마는 더 힘들 거다. 엄마를 잊어라. 열심히 공부해라. 그래야 엄마가 행복할 거다."

비장하지 않나요. 엄마 마음은 다 똑같을 거라고 생각합니다. 자신이 어떻게 되든 아이의 걱정을 덜어주려는 게 엄마의 본능입니다.

그런데 비장한 대사는 쓸모없게 되었습니다. 다행히 큰 병은 아니었습니다. 이때 생각했습니다. 부모가 먼저 늙고 병들 수밖에 없지만 아이가 다 자랄 때까지는 건강해야겠구나 하고요. 아이들을 걱정하게 만든 부모는 견딜 수 없이 미안하거든요.

성적 향상의 절대 조건

"너의 생각을 존중한다"

성적 향상의 절대 조건이 있습니다. 아이가 가출하지 않아야 합니다. 아이가 집을 뛰쳐나가 부모가 모르는 곳에서 부모가 모르는 누군가와 어울린다면 아이의 학업은 실패할 가능성이 커집니다. 천재적인 학습 능력을 가졌어도 가출하면 성적은 치명타를 입습니다.

하지만 내 아이는 가출하지 않았다며 안심하지는 마세요. 실제 가출이 아니어도 집이 싫어서 아이의 마음이 집을 떠난 경우는 허다합니다. 이런 정신적 가출도 공부를 가로막는 장애물입니다.

아이의 몸과 마음이 집을 떠나지 않게 해야 합니다. 어떤 방법이 있을까요. 마이클 언거Michael Ungar 교수(캐나다 댈하우지 대학교, 사회복지학)가 제안하는 방법이 아주 쉽고 효과적입니다. "사랑한다"고 자주 말해주는 것입니다.

언거 교수는 육아와 교육 문제에 관심이 커서 15권의 책을 냈습니다. 그가 미국의 한 심리학 매체에 쓴 글[3]을 보면 부모들이 걱정할 아찔한 사례가 많더군요.

어느 열다섯 살 소녀가 집을 자주 나가 나이가 많은 남자아이들과 시간을 보냈다고 합니다. 고민 상담을 해온 부모의 걱정은 이만저만이 아니었습니다. 소녀의 위험한 행동을 어떻게 막을 수 있을까요. 야단치고 위협하고 휴대폰을 빼앗고 머리카락을 자르며 외출을 금지시켜야 하는 것일까요. 강력한 투쟁도 필요하겠지만 마음을 움직이는 게 더 낫습니다.

언거 교수는 "그 아이가 사랑받는다는 걸 알게 해야 한다"고 강조합니다. 부모는 "정말로 너를 사랑한다"고 자주 말하고 행동으로 사랑을 입증해야 문제를 해결할 수 있습니다.

열다섯 살 소녀가 나이 많은 오빠의 애인이 되고 싶어 하는 건 그로부터 받은 사랑과 보살핌 때문입니다. 또 열다섯 살 남자아이가 또래 친구들과 어울리면서 술 마시고 소리치며 뛰어다니는 건 그 집단에서는 존중과 인정을 받고 싶기 때문이고요. 아이들이 집에서도 사랑받고 존중받는다면 어떨까요. 심리적 만족을 찾아서 굳이 집 밖으로 뛰쳐나가지는 않을 겁니다.

아이의 성적이 높기를 원하는 부모는 아이가 어릴 때부터 사랑하고 존중한다는 말을 자주 해야 합니다.

"사랑한다."

"그래. 너의 말이 맞다."

"너의 생각을 부모는 존중한다."

위와 같은 사랑과 존중의 표현이 가출을 막고 일탈을 예방합니다. 집에 잘 들어오고 나쁜 짓도 하지 않는다면, 성적이 폭락할 참사도 막게 되겠지요.

한편 부모가 서로 사랑하는 것도 자녀의 성적을 위해 꼭 필요합니다. 부모가 자주 다투고 서로 미워하면 자녀의 성적에 영향을 미칠 수밖에 없습니다.

부모 사이의 불화와 자녀 성적의 관계를 분석한 학자들이 많습니다. 한 예로 고든 해롤드Gordon Harold 박사(영국 카디프 대학교, 심리학)는 관련 연구 결과[4]를 발표하면서 이렇게 말했습니다.

"가족 요소가 아동의 감정과 행동, 학업 성취에까지 영향을 끼칩니다. 특히 부부가 자주 심하게 갈등하는 가족 환경의 아이들은 학업 성취도가 낮아질 위험이 있습니다."

누구나 동의할 것입니다. 항상 서로 미워하고 기회가 날 때마다 소리치며 싸우는 부부의 아이는 공부를 열심히 할 수 없습니다. 부부 싸움이 공부의 방해 행위이기 때문이죠. 자녀의 성적을 높이기 위해서라도 부모가 서로 사랑해야겠습니다.

아이가 보는 앞에서 "여보 당신을 사랑해"라고 말해야 합니다. 또 아이에게도 알려줘야 해요.

"아빠는 엄마를 정말 사랑해."

"엄마 아빠는 서로를 사랑해. 이제 안 싸울 거야."

자녀의 성적을 올리려면 사랑이라는 기반을 쌓아야 합니다. 사랑을 많이 받은 아이가 공부를 잘합니다. 부모가 서로 사랑해야 아이가 공부에 몰두할 수 있습니다. 아이를 사랑하지 않으면서 아이에게 높은 성적을 요구할 자격은 부모에게 없습니다. 또 부부가 사이좋게 지내 줄도 모르면서 아이가 국·영·수를 잘하길 바라는 건 언감생심입니다.

관계가 힘들어 몰입을 못할 때

"미운 사람 생각하면 인생 낭비야"

아이들은 학교에서 인간관계 문제 때문에 힘들어합니다. 갈등도 생기고 미움을 갖기도 하죠. 그런 부정적 감정이 아이를 뒤흔들어 학습 능률을 떨어뜨리는 걸 많은 부모들이 목격합니다. 이럴 때 미국의 34대 대통령 드와이트 아이젠하워Dwight Eisenhower의 조언을 전해주면 도움이 될 겁니다.

"싫어하는 사람을 생각하면서 1분도 낭비하지 마라."

싫은 사람을 생각하면 인생 낭비입니다. 에너지와 시간을 허비하는 꼴이 됩니다. 미워하는 사람에 대한 생각을 밀어내야 공부에 집중할 수 있습니다.

마하트마 간디의 말에 따라 용서하라고 권하는 것도 좋을 것 같아요.

"약한 사람은 절대 용서할 수 없다. 용서는 강한 사람의 속성이다."

용서하는 건 강하다는 뜻입니다. 내가 우월한 존재임을 증명하는 것이 바로 용서입니다. 용서하면 마음이 맑아지고 그때부터 책이 눈과 머리에 잘 들어올 겁니다. 미운 친구를 용서하고 잊어버리라고 말해주면 좋겠습니다.

하지만 위와 같은 점잖은 말이 안 통할 때가 있습니다. 아이가 인간관계 스트레스가 크다면 부모의 위로 전략을 조금 바꿔야 해요. 통속적 단어를 잘 활용하면 오히려 아이에게 큰 위로가 되기도 합니다.

"세상이 지랄 떨어도 무시해버려."

"터진 입이라고 막말하는 사람 많아. 신경 꺼버려."

그래도 안 먹히면 더 강력한 처방이 있습니다. 조금 더러운 느낌의 단어를 쓰면 됩니다. 미리 밝히는데 노벨 문학상 수상작가 미국 문학가 토니 모리슨Toni Morrison의 표현입니다.

"날고 싶으면 무거운 똥부터 배출해야 해."

(You wanna fly, you got to give up the shit that weighs you down.)

자유롭게 훨훨 날고 싶다면 무겁고 짜증 나는 것부터 버려야 합니다. 이렇게 설명하면 될 것 같아요.

"인간관계 등 잡다한 스트레스에 짓눌리지 마라. 다 똥이다. 똥 때문에 네 인생을 허비할 수는 없다. 머리에서 깡그리 비워버리고 공부에 집중하는 게 좋다."

저희 부부는 아이에게 이런 이야기를 들려줬어요. '포기하지 않은 토끼의 비밀'이라는 제목을 붙이면 되겠는데, 저희 아이가 관계 스트레스를 씻어내는 데 도움이 되었던 것 같습니다.

"수십 마리 토끼들이 여행을 가고 있었는데, 세 마리가 깊은 구덩이에 빠지고 말았어. 토끼가 아무리 점프력이 좋아도 빠져나오기 힘들 것 같았어. 또 다른 토끼들이 구해주려고 했지만 너무 깊었어. 구덩이 밖의 토끼들이 말했어. "친구들아. 미안하지만 포기해. 나올 수가 없을 거야. 편안하게 죽는 게 나을 것 같다." 구덩이 속 토끼 중 두 마리는 눈물을 흘리며 자포자기했어. 그런데 한 마리는 계속 점프를 하는 거야. 다른 토끼들이 말했지. "쓸데없이 힘 빼지 마. 절대 못 나와"라고 말이지. 그러나 토끼는 계속 뛰었어. 친구 토끼들이 "넌 못한다"고 아무리 말해도 듣지 않고 점프를 반복했고 결국 구덩이 밖으로 나오게 되었어. 친구들이 물었지. "넌 우리 말을 왜 안 들었어?" 사실 포기하지 않은 토끼는 태어나자마자 청력을 잃었대. 용기를 꺾는 소리가 들리지 않았기 때문에 포기하지 않았고 목표를 이룬 거야. 너도 너를 좌절하게 만드는 말에는 귀를 닫아버려야 해. 그래야 너에게 소중한 것을 얻을 수 있어."

부정적 감정이 아이를 뒤흔들면
학습 능률이 떨어집니다.
미워하는 사람에 대한 생각을 밀어내야
공부에 집중할 수 있습니다.

어떤 사람도 모든 걸 보고, 모든 소리를 들으면서 살 수는 없습니다. 선택적으로 보고 들어야 합니다. 결국 원하는 것 또는 중요한 것에만 집중해야 해요. 공부하는 아이들은 더욱 그렇다고 생각합니다.

한편 선생님과의 관계도 아주 중요합니다. 리아 샌딜로스Lia Sandilos 박사(미국 버지니아 대학교)가 발표한 논문[5]에 이런 글귀가 나옵니다.

"교사와 학생의 관계가 긍정적이면 학생들은 배움의 욕구가 커진다."

실제로 조사를 해도 그렇게 나타났다고 하네요. 아이가 선생님에게 불만을 갖거나 실망하지 않도록 가르치는 게 중요하다고 저희는 생각했어요. 그래서 이런 말을 자주 했습니다.

"선생님이라고 완벽할 수는 없어. 선생님도 엄마 아빠와 같은 평범한 사람이야. 단점이 있을 수밖에 없어."

선생님에 대한 지나친 기대감을 가졌다가 실망하거나 원망하지 말라는 의미입니다. 혹시 선생님이 실수하거나 서운하게 말해도 이해하라는 뜻이기도 하죠. 선생님에 대한 아이의 감정이 나쁘면 공부에 큰 방해가 되기도 합니다. 넓은 마음으로 유연하게 선생님을 평가하도록 가르치는 게 좋겠습니다.

아이가 행복하게 공부하려면

"남 평가 신경 쓰지 마"

기쁘게 살고 싶나요? 그러면 자기 주도적 행복을 연습해야 합니다. 친구, 이웃은 물론이고 가족에게도 나의 행복을 지나치게 의존해서는 안 됩니다. 가령 주변 사람들의 칭찬은 나에게 행복을 줍니다. 그런데 문제가 있어요. 남의 칭찬이 내 행복의 조건이라면 나의 행복이 타인에게 달려 있는 것입니다. 타인이 칭찬해주지 않으면 나는 불행해지는 것이죠. 그건 안 됩니다. 바꾸세요. 내가 나를 칭찬해야 합니다. 그래야 내가 나의 행복을 통제할 수 있어요. 자기 주도적 행복이 가능해지는 것입니다.

자녀에게 자기 칭찬 연습을 시키는 게 좋습니다. 부모가 줄 수 있는 중요한 선물 중 하나입니다. 방법은 간단합니다. 칭찬의 주체를 바꾸면 됩니다. '부모'에서 '자녀'로 말입니다.

가령 자녀의 성적이 올랐거나 열심히 공부했다면 부모는 "너는 참 대단하다"며 칭찬합니다. 또 "네가 정말 자랑스럽다"고 말하죠. 부모가 평가와 칭찬의 주체입니다. 대단하다고 평가하는 주체가 엄마이고, 자랑스러워하는 주체는 아빠입니다.

나쁘지 않은 칭찬이지만 더 좋은 방향으로 고치는 방법이 있습니다. 미국의 베스트셀러 작가이자 교육 전문가인 미셸 보바Michele Borba 박사는 아이가 스스로 자랑스러워하도록 가르쳐야 한다고 말합니다[6]. 그러니까 '1'이 아니라 '2'처럼 말해야 한다고요.

1) "이건 대단해. 네가 정말 자랑스럽다."

2) "이건 대단해. 너는 널 자랑스럽게 생각해야 해."

시험을 잘 봤다면 부모보다 아이 자신이 만족하고 자랑스러워하는 게 맞습니다. 부모의 평가와 칭찬은 부차적입니다. 아이가 평가의 담당자이고 자기 칭찬의 주체가 되어야 맞습니다. 스스로 자랑스러워하는 아이는 탄탄한 자부심을 갖게 됩니다. 홀로 어려움을 극복할 동력이 생기는 것이죠.

셀프 칭찬을 유도하고 훈련시켜보세요. 아이가 독립적인 노력형으로 자랄 것입니다. 이렇게 말하면 될 것 같네요.

"너도 알지? 너는 멋있어."

"남의 평가는 신경 쓰지 마. 네가 만족하는 게 제일 중요해."

"시험을 잘 봤네. 너 자신을 칭찬해줘라."

"좌절감을 금방 극복했네. 네가 엄마보다 낫다."

위와 같은 칭찬은 '탄탄한 자기중심'을 갖게 만듭니다. 자신을 자기가 사랑하고 자랑스럽게 만들죠. 옆에 엄마 아빠가 없어도 흔들리지 않을 것입니다. 탄탄한 자부심은 학교생활이든 공부든 꿋꿋이 잘할 수 있는 밑천이 될 것입니다. 능력에 대한 자부심은 구체적으로는 지구력을 길러줍니다. 높은 성적의 필수요건입니다.

미국의 비영리 교육 정보 사이트The Students at the Center Hub의 글을 보면 자부심의 중요성을 알 수 있습니다. 20년간 중·고교에서 아이들을 가르친 교사 에릭 토실리스Eric Toshalis가 많은 연구 결과를 종합해서 설명합니다[7]. 학생들이 끈기 혹은 지구력을 잃게 되는 상황이 있다고 합니다.

1) 수업 시간에 자신이 배제된다고 느낄 때

2) 자신이 이룬 성과를 높이 평가하지 못할 때

3) 수업 중에 자신이 어리석다고 느껴질 때

4) 자신이 잘할 거라고 생각하지 못할 때

위 상황들의 공통적인 키워드는 무능력감입니다. 자신에게 능력이 없어서 소외되고 있으며, 미래의 결과도 좋지 않을 거라는 느낌이 문제입니다. 내가 무능하다고 생각하면 학생들은 지구력을 잃습니다.

끈기 있게 공부하지 않고 일찍 포기해버리는 것이죠.

세상이 뭐라고 하건 내가 나의 가치를 인정해야 합니다. 성적 꼴찌라고 해도 나의 장점에 대한 확신이 있으면 버틸 수 있습니다. 그리고 어려움이 닥쳐도 다시 일어나죠. 요약하자면 지구력이 강해지는 것입니다. 지구력 없이 어떻게 100점과 1등에 도전할 수 있겠어요?

자부심이 1등을 향해 투쟁할 수 있는 근거가 됩니다. 자신이 자신을 긍정하고 높이 평가하는 연습을 반복하게 해야 하는 이유입니다. 부모는 이렇게 말해주면 됩니다.

"너는 너 자신을 응원하고 사랑해라. 넌 훌륭하다."

"너 스스로 자랑스러워해야 한다. 열심히 노력하는 네가 최고다."

아빠가 건네는 따뜻한 한마디

"네가 옳다. 아빠는 네 편이야"

자녀의 행복감을 느끼고 성적을 높이는 데 엄마의 역할이 크다는 건 많이 알려져 있습니다. 엄마의 따뜻한 말이 아이의 마음을 행복하게 하고, 엄마의 응원이 자녀의 학습 의욕을 높여줍니다.

무서운 건 반대도 성립한다는 사실입니다. 엄마가 차가우면 아이는 불행하고, 엄마가 무관심하면 아이의 학습 능력도 떨어질 확률이 높아집니다. 엄마는 아이의 가슴과 머리에 큰 영향을 끼칩니다.

그러면 아빠의 영향은 어떨까요. 국내든 국외든 연구가 많지 않습니다. 막연한 생각으로는 아빠는 엄격하게 훈계해야 아이에게 좋을 것 같습니다. 그런데 아빠의 역할에 대한 흔치 않은 한 연구 결과를 보면, 그게 아닙니다. 아빠의 따뜻한 사랑이 자녀의 성적은 물론이고 행복감도 높여줍니다.

마리-앤 수이조Marie-Anne Suizzo 박사(텍사스 대학교, 심리학)가 2012

년 한 학술지Sex Roles에 발표한 논문[8]에 따르면 그렇습니다. 아빠가 자녀를 따뜻한 진심으로 안아주는 게 성적 향상의 중요 조건이라고 합니다.

열세 살 전후의 학생 183명을 대상으로 연구를 진행한 수이조 박사는 이렇게 말했습니다.

"아버지의 따뜻한 사랑은 어린 자녀에게 특별한 영향을 갖습니다. 아이들이 낙관적으로 느끼게 하고 중요한 것을 얻으려 투쟁하게 만듭니다. 또한 10대 딸의 수학 점수와 10대 아들의 언어 점수를 높입니다."

사랑 많은 아빠의 자녀는 낙관적이게 됩니다. 당연한 것 같아요. 보듬고 인정해주는 아빠의 말이 아이 마음속으로 들어가서 밝은 빛이 될 겁니다. 아이는 자신과 세상 모두를 밝게 보는 낙관적인 성격을 갖게 되는 것이죠.

아빠의 사랑이 자녀의 성취 의지를 높인다는 것에 눈길이 갑니다. 조금만 생각하면 맞는 말이에요. 아빠의 존중을 받은 아이는 '나는 좋은 것을 가질 자격이 있다'고 생각할 겁니다. 성적이건 인기건 당연히 자기 것인데 포기할 이유가 없습니다. 뜨겁게 투쟁할 수 있을 겁니다.

재미있는 사실도 있네요. 아빠의 사랑은 딸과 아들에게 다른 효과를 냅니다. 딸은 수학 점수가 높아지고 아들은 언어 점수가 높아진다고 합니다. 모든 경우에 다 들어맞지는 않을 겁니다. 문화나 개인 성향에 따라서도 달라질 수 있겠죠. 아무튼 아빠의 사랑이 자녀의 성적 향상에 직접 영향을 끼친다는 게 연구 결과로 나타났습니다.

연구에 따르면 아빠가 고학력이 아니어도 상관없습니다. 미국인데도 영어를 못해서 학교 숙제를 돕지 못하는 경우에도 따뜻한 아빠가 아이들의 학업 성취도를 높이는 것으로 나타났습니다. 또 아빠의 경제적 능력도 중요하지 않습니다. 부자 아빠가 아니더라도 마음이 따뜻하면 자녀를 공부 잘하게 만들 수 있는 것입니다.

아빠들은 자녀에게 승리의 비법을 알려주고 싶어 합니다. 평생의 달고 쓴 경험을 겪으며 얻은 삶의 전략 전술을 아이에게 전수하려고 장황하게 이야기하는 게 많은 아빠의 모습입니다. 승리를 위한 지식을 교육하는 것도 중요할 겁니다.

하지만 무엇보다 따뜻한 사랑이 필요합니다. 사랑 많은 아빠가 아이의 행복 수준은 물론이고 성적도 높여주니까요.

그럼 아이들에게 뭐라고 이야기해야 하냐고요? 따뜻하게 사랑하는 마음을 먼저 가지면, 자연스레 말로 표현될 겁니다. 아마 이런 말이 입에서 자주 나올 것입니다.

"우리 아들·딸을 진짜 믿는다."

"나는 너를 못 견디게 사랑한다."

"어떤 경우라도 끝까지 너를 응원할게."

"아빠가 보증할게. 네가 옳다. 아빠는 네 편이야."

"아빠는 너희들만 보면 행복해서 미치겠다."

아이 마음을 단단하게 하는

부모 말투

"걱정한다고 내일이 밝아지지 않아. 오늘이 어두워질 뿐이야."

"걱정하는 일 중 대부분은 일어나지 않는 일이다."

"걱정이 떠오르면 노트에 적어놨다가 나중에 다시 생각해봐."

"그때그때 걱정하지 말고, 오후 7시에 몰아서 걱정하는 건 어때?"

"그래, 너의 말이 맞아. 너의 생각을 부모는 존중한다."

"엄마 아빠는 서로를 사랑해. 너를 사랑하는 것도 물론이란다."

"싫어하는 사람을 생각하면서 1분도 낭비하지 마라."

"이건 대단한 성과야. 너는 널 자랑스럽게 생각해야 해."

"네가 만족하는 게 제일 중요하다."

"시험을 잘 봤네. 너 자신을 듬뿍 칭찬해줘라."

"어떤 경우라도 끝까지 너를 응원할게. 아빠는 네 편이야."

멀리 있는 목표를 끌어당겨주세요

부모는 아이에게 조바심만 주면 안 되지만 한없는 여유를 허용할 수도 없습니다. 아이가 현재의 점수에 만족하면서 불만족하게 만들어야 합니다. 우정을 고무하면서도 친구들과의 경쟁심을 잃지 않게 자극하는 것도 필요합니다. 불가능으로 보이는 임무 즉 '미션 임파서블'이 우리나라 부모의 운명입니다. 차갑고 모순적인 이 세상은 선량한 아이들을 진심으로 포용하지 않기 때문입니다.

숙련 목표, 성과 목표를 동시에

"성적 1등보단 노력 1등이면 돼"

교육 전문가들에 따르면 목표에는 두 종류가 있습니다. '숙련 목표mastery goal'와 '성과 목표performance goal'입니다. 처음 보면 이게 뭔 소리인가 싶지만 단어 뜻을 음미하니 이해가 되더군요.

숙련공은 어떤 일을 잘하는 기술자를 뜻합니다. 어떤 것을 잘하는 게 목적이면 숙련 목표가 됩니다. 가령 새로운 영어 문법이나 수학 원리를 배워서 능숙해지는 것 자체가 좋아서 공부하는 아이들이 있습니다. 그런 아이는 숙련 목표의 태도를 갖고 있습니다.

반면 성과를 과시하기 위해 공부하는 아이도 있습니다. 이런 아이가 영어 문법과 수학 공식을 배우는 목표는 1등, 100점, A 학점입니다. 공부 자체를 즐기는 게 아니라 남을 이기고 남에게 인정받기를 원하는 겁니다. 이런 경우의 공부는 성과 목표가 됩니다.

흔히 부모의 말이 목표에 대한 아이들의 태도를 결정합니다. "이번 시험에서 보란 듯이 1등을 해야 한다"고 말하는 부모는 성과 목표를 아이에게 권합니다. 1등을 해서 남에게 인정받고 부러움도 사라는 의미가 숨어 있죠. 반면 "등수는 중요하지 않으니 공부를 더 재미있게 하기만 하면 된다"고 말하는 부모도 있어요. 이 경우는 숙련 목표를 권하는 것입니다. 누군가에게 자랑하기 위해서가 아니라 공부 자체를 즐기라는 독려입니다.

또 "체중을 10kg 줄여서 아주 예뻐져야 한다"고 말하는 부모는 성과 목표를 지향합니다. 반면 "남이 어떻게 보건 뭐가 중요해? 운동을 열심히 해서 네가 건강해지면 되는 거야"라고 격려한다면 숙련 목표를 강조하는 것이고요. 예를 더 모아서 정리해보면 이렇습니다.

성과 목표 말습관	숙련 목표 말습관
우리 반에서 1등을 하고 말겠어.	지난번보다 더 나은 점수를 받겠어.
남보다 빨리해야 해.	내 속도에 맞춰 천천히 배워도 돼.
5kg을 빼서 예뻐 보일 거야.	일주일에 세 번 운동해서 건강해질 거야.
성적이 잘 나와서 만족해.	이번에 노력을 많이 한 게 기뻐.

어느 쪽이 나을까요? 직관적으로 알 수 있어요. 숙련 목표가 훨씬 나아 보입니다. 교육 전문가들도 대부분 동의합니다. 부모는 아이가 숙련 목표를 갖도록 가르쳐야 한다고 힘주어 강조합니다. 이유는 간단해요. 숙련 목표의 태도가 아이에게 유익하기 때문입니다.

숙련 목표를 가지면 마음이 긍정적이게 됩니다. 꼭 1등을 하거나 100점을 맞아야 한다는 강박감이 없으니 밝고 가벼운 심리 상태가 유지되죠. 뜻밖의 선물도 있습니다. 지구력이 늘어납니다. 실패를 경험해도 다시 도전하면 된다고 생각하기 때문이죠. 그래서 장기적인 성공 가능성이 높습니다.

반면 성과 목표는 아이에게 해로울 수 있습니다. 실제로 등수나 점수에 목을 매는 아이들은 불행합니다. 1등을 못할까 봐 항상 불안합니다. 남에게 밀리면 큰일이라고 걱정하니까 조바심이 나고 항상 바쁩니다. 또 경쟁에서 이기지 못하면 말할 수 없이 괴롭습니다. 좌절의 고통이 크니까 실패가 두렵고 그에 따라 도전하는 대신 도망치고 싶어 합니다. 당연히 장기적인 성공 가능성이 낮습니다.

숙련 목표는 내적 동기, 성장 마인드셋, 그릿 등의 개념과 일맥상통합니다. 성과 목표는 외적 동기, 고정 마인드셋과 한 부류입니다.

그런데 아이를 기르는 부모는 의구심이 생깁니다. 성과 목표보다 숙련 목표가 필요한 건 알겠는데, 1등 하라는 소리를 하면 아이에게 불행을 주는 것일까. 답이 쉽지 않았습니다.

사실 성과를 목표로 삼으면, 빠르게 성적이 향상될 가능성이 높아집니다. 1등을 강렬히 원하면 1등을 못하더라도 등수가 오르고, 100

점을 뜨겁게 갈망하면 90점은 맞게 되는 것이죠. 오직 금메달의 영광만 생각하며 뼈를 깎는 훈련을 감당한 우리나라 스포츠 선수들이 올림픽에서 우승하는 경우도 비슷합니다. 성과를 목표로 삼는 태도는 분명히 효율성이 있는 것입니다.

우리의 교육 현실을 보면 부모 마음이 다급해지는 게 당연합니다. 내신 성적이 나쁘면 좋은 대학에 가기 힘듭니다. 그런데 한번 받은 내신 성적은 영원합니다. 또 학습량도 많고 진도도 빨라서 이번 학기에 놀면 다음 학기에 따라잡기 어려운 게 사실입니다. 그리고 다른 아이들이 빠르게 질주하는 게 눈에 보입니다. 이런 다급한 상황에서 아이에게 "괜찮다. 성적은 신경 쓰지 말고 배움의 기쁨을 느끼며 천천히 공부해도 된다"라고 말하는 것이 가능할까요.

아이에게 숙련 목표의 태도만 가르치는 것은 비현실적입니다. 교육 전문가들의 이상론적 조언을 범속한 부모들로서는 모두 받아들이기 힘듭니다.

저희 부부도 고민을 많이 했습니다. 저희가 모범이 될 수는 없지만 참고는 될 것 같아서 공개합니다. 저희 부부가 고안한 작전은 '양다리 걸치기'입니다. 모순적이지만 숙련과 성과 모두를 지향하라고 가르쳤던 것입니다. 가령 아래의 말 두 가지를 해줬습니다.

1) "이번에는 꼭 1등 해라. 반드시!"
2) "그런데 성적 1등 말고 노력 1등이면 돼. 결과는 걱정 말고 그만큼 노력을 하면 충분해."

아이가 느슨해진 것 같으면 '1'이라고 말하며 긴장감을 줬습니다. 그러다 아이가 성과 강박 때문에 괴로워하는 것 같으면 '2'로 달랬습니다. 저희도 잘 압니다. 일관성이 없습니다. 상충되는 주문입니다. 하지만 불가피한 면이 있습니다. 아이들이 특수한 환경에서 살고 있습니다. 느긋하게 의미를 찾는 아이들이 당장 손해를 봅니다. 경쟁심과 승부욕을 잃으면 도태되는 어쩔 수 없는 환경에 아이들이 살고 있습니다.

돌이켜보면 저희는 아이를 기르면서 모순적인 독려의 말들을 많이 했습니다. 최고 성적과 자기만족 두 가지를 모두 추천했습니다. 최상위 성적을 노리게 만들면서 동시에 여유도 갖게 하려고 이상한 논리를 만들어냈습니다.

"반 1등을 목표로 삼자. 하지만 수학과 영어 공부에 재미를 붙였다면 그것만으로도 대성공이다."

"서울대를 목표로 공부하자. 근데 솔직히 서울대에 꼭 가야 하는 건 아니야. 다른 대학에 가도 얼마든지 행복할 수 있다. 다만 당장 지금은 가장 높은 곳을 목표로 하자."

"5등 안에 꼭 들자. 그런데 6등 한다고 인생이 망하는 건 아니야. 등수도 중요하지만 시험공부 자체를 즐기면서 열심히 하자."

때로는 1등을 목표로 달려가자고 하고, 때로는 점수 말고 공부의 기쁨을 느끼라고 말했습니다. 성과 목표와 숙련 목표의 가치가 뒤섞인 이상한 조언이네요. 그런데 안타깝게도 어느 한 가지만 고집할 수 없어요. 아이들이 처해 있는 경쟁 환경 때문입니다.

부모는 아이에게 조바심만 주면 안 되지만 한없는 여유를 허용할 수도 없습니다. 불안감과 평화로운 마음을 둘 다 심어줘야 합니다. 아이가 현재의 점수에 만족하면서 불만족하게 만들어야 합니다. 우정을 고무하면서도 친구들과의 경쟁심을 잃지 않게 자극하는 것도 필요합니다. 그렇게 부모의 임무는 모순적이고 이중적입니다. 불가능으로 보이는 임무 즉 '미션 임파서블'이 우리나라 부모의 운명입니다.

배우는 기쁨만 느끼면 충분하고, 성적이나 점수는 무신경해도 된다고 말할 용기가 저희 부부에게는 없었습니다. 경쟁, 승리, 영광 등은 나쁜 것이고 자기만족, 공존, 행복감만이 가치 있다고 말할 수가 없었습니다. 차갑고 모순적인 이 세상은 선량한 아이들을 진심으로 포용하지 않기 때문입니다.

매일 작은 성공을 이끄는 말

"지금보다 나아지면 그게 승리야"

부모는 답답한 처지입니다. 꼭 묻고는 싶은데 좀처럼 꺼내지 못하는 질문이 있습니다. "오늘 공부 열심히 했니?"가 그것입니다. 옛날 의미의 '착한' 아이들은 대답하겠죠. "예. 부모님 은혜에 보답하고 제 꿈도 이루려고 오늘도 열심히 공부했어요"라고요. 그러나 그런 아이들은 멸종 위기입니다. 대부분은 건성으로 "예"라고 하거나 튀어나온 입과 찌푸린 미간으로 답을 대신할 겁니다.

대답하기 싫다는데 물어볼 수는 없겠죠. 그래도 궁금합니다. 공부를 열심히 하고 있는지 아닌지 알고 싶은 마음은 지울 수가 없어요. 방법은 있습니다. 질문을 좀 바꾸면 됩니다.

먼저 새로운 개념의 정의부터 공유해야 합니다. 저희가 추천하는 것은 '성공'과 '승리'의 재개념화입니다.

먼저 성공입니다. 20세기 초반에 활동한 미국의 작가 로버트 콜리어Robert Collier는 이렇게 말했어요.

"성공은 매일 반복하는 작은 노력들의 합이다."

아이에게 들려줘도 좋은 명언입니다. 성공은 사실 별게 아닙니다. 매일 꾸준히 조금씩만 노력하면 그것이 쌓여서 성공이 됩니다. 꾸준함과 작은 노력 이 두 가지가 성공의 요소인 것이죠. 아이에게 다른 건 필요 없다고 말해보세요. 꾸준함과 작은 노력만 있으면 그게 바로 성공한 하루라고 설득하면 됩니다.

"제일 많이 그리고 최고 열심히 공부하라는 게 아니다. 작은 노력이라도 했다면 그게 성공이야. 조금이라도 노력하면 그날은 성공이야. 그런 것 같지 않니?"

"공부 열심히 해라"는 주문을 들으면 피곤합니다. '열심히'가 '무한정'과 비슷한 의미로 쓰이기 때문이죠. 하지만 '조그만 노력'은 훨씬 편합니다. 작은 노력만 해도 성공이라는 사실에 아이가 동의하면 그날 저녁부터 물어볼 수 있습니다.

"오늘은 성공적인 하루를 보냈니?"
"오늘 하루 성공했어?"

아이도 대답하는 게 편해집니다. 오늘 하루 조금이라도 노력했으면 "예"라고 답할 겁니다. "예"라고 대답하는 날이 많으면 보이지 않게 아이의 실력이 상승하게 될 겁니다.

다음으로 승리의 재개념화에 대해서 보겠습니다. 미국의 유명 스피드 스케이터인 보니 블레이어Bonnie Blair가 한 말입니다.

"승리는 1등만을 의미하지 않는다. 지금까지보다 더 나아지면 그것이 승리다."

어제보다 오늘 더 노력했다면 이미 승리한 것입니다. 어제보다 더 나은 내가 되면 나는 승리자인 것입니다. 듣기에 좋은 말입니다. 또 사실이 그렇습니다. "너무 욕심부리지 말고, 오늘 딱 한 발만 더 나아가면 돼!"라고 응원하면 아이의 마음이 얼마나 편할까요. 또 엄마 아빠가 얼마나 고마울까요. 편안함과 감사함을 품고 있으면, 공부를 잘할 가능성이 훨씬 높아집니다. 늦은 밤 부모는 이렇게 질문할 수 있습니다.

"오늘은 승리했어?"
"오늘은 졌니? 이겼니?"

아이가 "예. 어제보다 더 나아진 것 같아요"라고 답한다면 완전한

아이가 어리면 '작은 성공'의 중요성을
가르치는 게 더욱 효과적일 겁니다.
매일 작은 성공과 작은 발전만 이루면
"최고"라고 말해주면 됩니다.

교육의 승리입니다. 아이의 성적이 향상될 거라고 기대해도 좋습니다.

아이가 어리면 '작은 성공'의 중요성을 가르치는 게 더욱 효과적일 겁니다. 미국의 교육 전문가 미셸 보바 박사가 자신의 사이트 micheleborba.com에 추천한 사례인데요, 한 엄마는 아이들에게 성공이 별게 아니라고 가르친답니다.

"이 엄마는 성공의 진정한 개념이 '개선'이라고 가르쳐요. 조금 나아졌건 많이 나아졌건 다 성공이라는 거죠. 훌륭한 가르침이에요."

"조금이라도 향상되었다면 그게 바로 성공"이라고 알려주는 겁니다. 그리고 어릴 때부터 엄마는 '성공 노트'를 쓰도록 했다고 합니다. 일주일에 한 번 이상, 자신이 이루어낸 작은 발전이나 개선에 대해서 쓰거나 그리도록 했다는 겁니다. 아이는 무엇을 하든 성공할 수 있다는 자신감을 갖게 되었다고 하네요.

누구도 단기간에 대성공을 거둘 수 없습니다. 아이에게 매일 작은 성공과 작은 발전만 이루면 "최고"라고 말해주면 됩니다. 그렇게 목표를 낮게 구체화하면 아이 마음도 편해지고 부모와 자녀의 의사소통 기회도 늘어나게 될 겁니다.

에너지를 낭비하지 않으려면

"칭찬은 듣고 비난은 무시해버려"

저희 아이가 자기 방문을 쾅 닫고 들어가서는 엉엉 울었습니다. 세상이 다 끝난 것처럼 대성통곡했습니다. 중학교 2학년 1학기 중간고사 첫날이었습니다. 이유는 뻔했습니다. 그날 시험을 망친 것이었습니다. 시험을 잘 본 날은 의기양양했지만, 점수가 불만이면 위로할 엄두가 나지 않을 정도로 무섭게 울부짖었습니다. 아이의 울음소리를 들으면서 저희 부부는 심란했습니다. 절망이 지나친 것 같아 걱정이었습니다. 자신을 미워하는 게 안타까웠습니다.

며칠 지난 후 아이에게 물었습니다.

"왜 그렇게 심하게 울었니?"

"시험을 못 봤으니까요."

"시험 못 보면 안 되니?"

"당연히 안 되죠. 좋은 대학을 못 가요. 또 부끄럽잖아요."

"누구에게?"

"선생님과 아이들에게요. 성적이 나쁘면 창피해요."

아직 철도 들지 않은 아이들이 공부를 열심히 하는 이유는 다 비슷합니다. 사회적 평판 때문입니다. 부모와 선생님 그리고 친구들로부터 "공부 능력자"라는 칭찬을 받고 싶은 것입니다. 그런 바람을 뒤집어보면 성적이 나쁘면 무시를 당하게 된다는 뜻이 숨어 있습니다. 아이들은 어릴 때부터 성적 때문에 칭찬을 받거나 무시를 당하며 자라게 됩니다. 우리 아이들이 사는 세상은 그렇게 무서운 곳입니다.

저희 아이는 타인의 평가에 특히 민감했습니다. 중학교 때 독서 학원에서도 자신 있게 말할 수 없으면 입을 열지 않았습니다. 엄마 아빠가 어떤 질문을 해도, 정답 확신이 없으면 말하지 않았습니다. 친구나 선생님에게 모른다는 말도 잘 하지 않았고요.

저희 아이는 틀린 답을 말할까 겁났던 것 같습니다. 오답을 말하면 자신의 사회적 평판이 나빠질 게 두려웠던 겁니다. 아이는 친구나 선생님을 실망시키고 싶지 않았던 겁니다. 얼마나 스트레스가 컸을까요. 안타깝습니다.

앞에서 보았던 목표의 두 가지를 다시 생각하게 됩니다. 목표에는 '숙련 목표'와 '성과 목표' 두 종류가 있습니다.

숙련 목표의 영어 표현은 '마스터리 골mastery goal'입니다. 뭔가를 '마스터'하는 것이 목표입니다. 영어 문법이나 수학 문제를 익히는 데서 기쁨을 느끼는 겁니다. 공부 자체를 즐기는 태도죠.

성과 목표는 영어로 '퍼포먼스 골performance goal'입니다. 가수나 예술가의 '퍼포먼스'는 남에게 보이기 위한 것입니다. 성과 목표 태도를 가진 아이는 남에게 성과를 보여서 좋은 평가를 받기를 원합니다.

저희 아이는 성과 목표 지향적이었습니다. 타인의 인정과 존중을 갈망했던 것입니다. 다른 사람의 입을 보면서 사는 건 불행합니다. 저희가 이 문제로 고민하다가 어느 날 말해줬습니다.

"남에게 잘 보이려고 공부하는 게 아냐. 네가 행복하기 위해서 공부하는 거야."

"공부 잘한다는 칭찬도, 공부 못한다는 놀림도 싹 다 무시해."

그런데 반응이 별로 없더군요. 생각해보니 위와 같은 말은 이상적이지만 현실적이지 않아서 호응받기 어렵습니다. 현실적으로는 남에게 잘 보이는 것도 중요합니다. 남의 평가를 무시하면서 사는 것도 불가능하고요. 그래서 조금 고쳐서 이렇게 말했습니다.

"남들이 하는 칭찬은 듣고, 비난은 무시해라."

타인의 평가를 선택적으로 들어야 한다고 강조했습니다. 착한 말은 듣고 나쁜 비난은 흘려버리라고 했습니다. 그렇게 사는 게 맞다고 생각했습니다. 타인의 평가를 도외시할 수 없다면 가능한 좋은 것에 더 신경 쓰는 것이 훨씬 낫다고 봤습니다. 저희는 이 이상 더 좋은 방법을 알 수 없었습니다. 쓴소리에 더 귀 기울여야 한다는 건 어쩌면 구시대의 윤리이자 비현실적인 가르침인지 모릅니다. 좋은 소리만 듣는다고 나쁜 사람이 되는 건 아닐 겁니다.

아이에게 이렇게 덧붙였습니다.

"노력해서 1등을 해라. 남들이 박수칠 거다. 좋은 기분을 즐겨라. 그런데 1등을 놓쳤다고 부끄러워 마라. 얕잡아 보고 놀릴까 전혀 걱정하지 마라. 나쁜 말은 삭제하고 좋은 말만 들어라."

1등을 하든 꼴찌를 하든 다 같다고 봅니다. 주변에서 수근거리는 목소리가 들릴 겁니다. 내가 어떻게 살건 싫은 사람들이 있는 것처럼요. 모든 소리를 다 듣고 모두에게 반응할 능력이 우리에게 없습니다. 선택적 경청 전략이 필요합니다.

선택적 경청은 성적 향상에 도움이 됩니다. 착한 말을 듣고 나쁜 말을 무시할 때 아이의 정신적 에너지가 낭비되는 걸 막을 수 있어요. 남은 에너지로는 공부를 하면 됩니다.

때로는 추상적 목표도 필요하다

"멋있는 사람이 돼라"

부모들은 마음속으로 바랍니다. 자녀가 최고 점수와 최고 등수를 받는 게 부모들의 꿈입니다. 그런데 막상 그 마음을 말하고 나면 후회하게 됩니다. "이번에는 꼭 1등 해라" 혹은 "100점을 맞아 봐라"라는 말이 아이에게는 큰 부담이어서, 반발의 빌미가 될 수 있는 겁니다. 그래서 부모들은 성적 향상을 독려하되 간접적인 표현을 많이 씁니다.

"최선을 다하자."
"성적이 오르지 않아도 좋다. 노력만 하면 된다."

좋은 뜻을 담았고 아이에게 부담도 주지 않으니 훌륭합니다. 하지만 지루하다는 문제가 있어요. 너무 익숙한 표현들이기 때문이죠. 다른 표현으로 대체할 수 있다면 좋을 것입니다. 가령 "가장 멋있는 사람이 되어라"는 어떨까요?

미국의 한 교수가 그런 말을 자주 한다고 합니다. 스탠퍼드 대학에서 혁신과 기업가 정신을 가르치는 티나 실리그Tina Seelig 교수가 그 주인공입니다. 한 매체에 실린 기고문[1]을 보면 그는 학생들에게 "A 학점을 받으라"고 말하지 않는다고 합니다. 대신 멋진 사람이 되라고 응원합니다.

"멋있어질 기회를 절대 놓치지 마세요."

(Never miss an opportunity to be fabulous.)

위와 같은 격려만큼 학생들을 자극하는 말이 많지 않다고 합니다. '멋있는 사람'이라는 추상적 목표를 제시하니 학생들은 열정을 갖고 더 열심히 공부한다는 겁니다.

우리 아이들에게도 비슷한 말을 하면 좋을 겁니다. '어느 대학을 가라', '어느 정도 점수를 받아라'라고 구체적인 목표를 말하는 것도 분명히 필요합니다. 그런데 때로는 추상적인 목표를 제시했을 때 자녀의 마음이 더욱 뜨거워지기도 합니다. 이렇게 말하면 어떨까요?

"1등 하는 것보다 멋진 사람이 되어라. 멋있게 공부하고 멋있게 생활하는 아이가 되는 거야."

"어떤 사람이 멋있니? 도전을 두려워하지 않는 사람이 아닐까? 너는 어떤 사람이 멋있다고 생각하니?"

"어떤 학생이 훌륭하다고 생각하니? 100점을 맞는 아이? 엄마는 생각이 달라. 열심히 수업 듣고 숙제하는 아이가 최고 훌륭한 것 같다."

"용기 있는 삶이 멋있지 않니? 모르면 모른다고 당당하게 말하는 사람이 멋있어. 또 두려워도 도전하는 사람이 훌륭해. 아빠는 그렇게 생각한다."

요컨대 '100점'이라는 살벌한 목표를 '멋짐'이라는 예쁜 말로 포장하는 겁니다. "100점 맞아라"는 마음을 얼어붙게 만들지만 "멋져져라"는 마음을 뜨겁게 달굴 것입니다. 영감을 주기 때문이죠. 끝으로 응용 표현도 덧붙입니다.

"노력을 충분히 했으니 넌 이미 훌륭한 아이야."
"집중해서 노력했다면 그것만큼 멋진 일은 없어."
"100점 안 받아도 좋아. 멋있게 도전해보자."

당장 목표가 없는 아이에게는

"오늘에 충실하자"

인생의 목표를 세우기 어렵다고 하소연하는 청소년들이 아주 많습니다. 어느 대학을 갈지, 어떤 직업을 가질지 모르겠다는 것이죠. 어른들은 안타깝습니다. 꿈이나 목표가 있어야 공부를 열심히 하게 되니까 말이죠.

공부의 목표가 없어서 혼란스럽다는 아이를 대하는 좋은 방법이 있습니다. 목표가 생길 때까지 일단 할 일을 해야 한다고 말하는 것입니다.

"목표가 없다고? 안타깝지만 그래도 일단 할 공부는 하자!"

목표의 부재가 나태를 정당화할 수는 없습니다. 어른들도 목표를 잃을 때가 많지만 그래도 매일 할 일은 한다고 말해주십시오. 미래의 꿈이 없는 아이도 오늘 숙제를 빠트리면 안 된다는 강조도 덧붙이고요.

좀 더 임팩트가 강하게 조언해도 됩니다. "목표를 가져야 한다" 말고 정반대로 말하면 아이에게 강한 인상을 줄 겁니다.

"목표는 반드시 필요한 건 아니야."

공부를 잘하려면 목표가 있어야 해요. 하지만 절대 필수는 아닙니다. 뚜렷하고 큰 목표가 있어야만 성공하는 게 아니에요. 사실 우리 어른들도 되는대로 살다 보니 성공에 이른 경우가 많습니다.

미국의 한 영어 교사가 운영하는 유명 블로그 '오스마의 트럼본 Othmar's Trombone'에 흥미로운 글[2]이 있어요. 영어 교사는 일본의 왜소한 청년이 12분 만에 핫도그 50개를 먹어서 세계 기록을 세운 얘기를 합니다. 어떻게 그런 대기록을 세울 수 있었을까요? 기록 도전을 하는 동안 어떤 생각을 했을까요? 답은 '아무 생각이 없었다'입니다.

기록 갱신을 하겠다는 목표 의식을 갖고 도전에 임한 게 아니라고 합니다. 눈앞에 있는 핫도그를 열심히 먹을 뿐입니다. 하나 먹었으면 그다음 것을 먹고, 다음에는 또 다른 핫도그를 입에 넣었답니다. 그렇게 눈앞에 있는 일을 하다 보니 대기록에 도달했다고 합니다.

그 사례를 소개한 교사는 강조합니다. 목표를 세우는 것이 오히려 발전에 장애가 될 수 있다고 말이죠. 거창한 목표는 사람에게 중압감부터 줘서 불편할 수 있습니다. 또 목표 달성이 안 되면 어쩌나 걱정이 생기기도 하죠. 때로는 목표 없이 가는 것도 괜찮습니다. 먼 목표보다는 눈앞의 일에 충실해야 한계를 넘을 수 있다는 지적입니다. 한발 한발 내딛다 보니 어느새 산 정상에 오르게 되는 것과 비슷할 겁니다.

아이가 목표를 도저히 못 세우겠다고 하면 애 닳아 하지 마시고 목표 따위는 없어도 된다고 이야기해주세요. 단, 눈앞에 있는 일은 열심히 하겠다는 약속을 받으면 됩니다.

"목표가 없어도 된다. 오늘을 열심히 살면, 목표는 나중에 생길 거야."

"내일의 목표가 있어야 공부를 잘하는 게 아니다. 오늘 성실해야 성적이 오른다."

사실 아이들이 목표를 세우지 못하는 깊은 이유는 두려움입니다. 목표 달성에 실패할 것 같아서 무서운 것이죠. 저희 아이도 그런 불안감을 토로한 적이 있습니다. "목표를 위해서 열심히 살고 있어요. 그런데 목표를 못 이루면 어떻게 하죠?"라고 말입니다. 저희는 뭐라고 답할까 궁리하다가 뻔한 소리를 할 뻔했습니다. "정말 절실하게 목표를 원한다면 이루어진단다"라는 말이 입 밖으로 나올 뻔했던 거죠. 그러나 저희는 생각을 바꾸고 좀 더 솔직한 말을 해줬어요.

"목표를 못 이루면 어쩌나 두려워 마라. 어른들이 말하지 않는 비밀을 알려줄게. 사실 대부분의 사람이 목표를 못 이룬다. 엄마, 아빠, 선생님은 물론이고 아인슈타인이나 스티브 잡스도 못 이룬 꿈이 있었을 거야. 목표를 가슴 속에 품고 있는 것으로 충분해. 꿈을 추구하는 동안 너는 매일 성장할 테니까."

정 세울 수 없다면 목표가 없어도 괜찮습니다. 꿈은 나중에 생길 테니까요. 또 목표를 못 이루면 어쩌나 두려워할 이유도 없습니다. 꿈꾸는 동안 성장할 테니까요. 정말 중요한 것은 오늘의 성실함이고 또 오늘 성실하면 모든 문제가 해결된다고 아이에게 말해주는 것도 좋을 것 같네요.

목표를 이루게 만드는

부모 말투

"성적 1등 말고 노력 1등이면 돼. 결과는 걱정 말고 그만큼 노력을 하면 충분해."

"지금은 가장 높은 곳을 목표로 하자. 하지만 다른 대학에 가도 얼마든지 행복할 수 있다."

"영어 공부에 재미를 붙였다면 그것만으로 대성공이다."

"승리는 1등만을 의미하지 않아. 지금까지보다 더 나아지면 그게 승리야."

"남에게 잘 보이려고 공부하는 게 아냐. 네가 행복하기 위해서 공부하는 거야."

"어떤 사람이 멋있니? 도전을 두려워하지 않는 사람이 아닐까?"

"100점을 맞는 아이가 최고 훌륭할까? 엄마는 열심히 수업 듣고 숙제하는 아이가 가장 훌륭한 것 같다."

"목표를 가슴 속에 품고 있는 것으로 충분해. 꿈을 추구하는 동안 너는 매일 성장할 테니까."

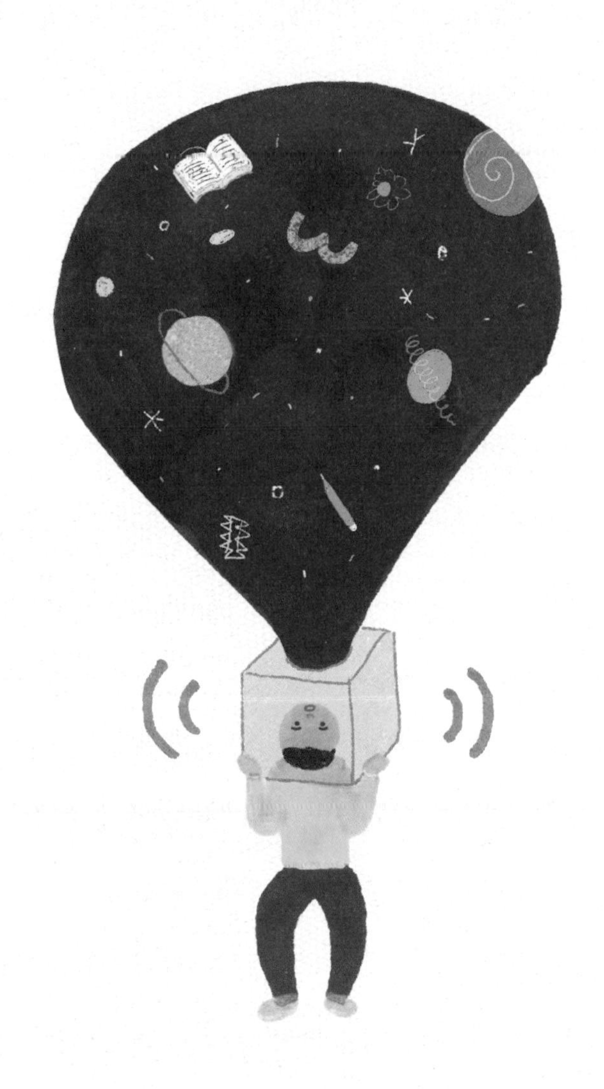

완전한 몰입에 이르도록 해주세요

머릿속의 관심사를 줄이는 만큼 집중력이 높아집니다. 일상생활에서 관심 대상의 숫자 또는 종류를 줄이지 않으면 공부에 집중할 수 없습니다. 외모, 이성, 게임, TV, 교우 관계, 아이돌에 다 신경을 쓰면서 공부에도 집중하는 건 세상 최고의 천재에게도 불가능합니다. 아이에게 관심사를 줄이는 연습을 하라고 강력히 권해야 합니다.

집중력 최대치로 끌어올리기

"잡생각이 침투하면 외쳐봐"

집중하지 못하면 공부를 못합니다. 집중력이 강해야 능력 이상의 성적을 거두는 게 가능합니다. 집중력은 학습 능력의 핵심 요소 중 하나입니다.

그럼 집중력을 분해해볼까요. 미국의 어느 골프 선수가 말했습니다. 집중력은 자신감과 갈망에서 나온다는 것입니다. 겁쟁이는 집중하지 못합니다. 잘하지 못할 것 같다고 겁을 먹으면 일에 집중이 될 수가 없습니다. 또 갈망하지 않는 사람도 일에 집중하지 않습니다. 사람은 간절히 원하는 것에 집중하게 되어 있습니다.

자녀의 집중력을 높이려면 자신감을 주면서 동시에 갈망을 일깨워야 합니다. 사실 자신감보다 더 중요한 것은 바로 갈망이죠. 배가 고파야 합니다. 저것을 꼭 먹어야 살 수 있다는 생각이 필요하죠. 목이 말라야 합니다. 물을 찾지 못하면 죽겠다 싶어야 물 찾는 일에 온 마음을 다 쏟게 됩니다.

저희는 아이가 어릴 때부터 당부했습니다. 공부하기 전에 "나에게 가장 중요한 것이 무엇인가?" 물어보라고요. "나에게 절대 필요한 것이 무엇인가?" 또는 "나는 무엇을 갈망하고 있는가?"라고 먼저 자기에게 물은 후에 공부를 시작해야 한다고 강조했습니다. 가장 중요한 것 하나에만 집중하는 버릇을 심어주려고 했던 것입니다.

아이가 묻더군요. 어떻게 하면 집중력을 높일 수 있냐고요. 이렇게 답해줬습니다.

"집중력을 높이는 방법은 하나만 보는 거야. 가장 중요한 것에만 시선을 줘야 해. 눈앞에 100명이 있다고 생각해봐. 좋아하는 사람이 그사이에 서 있어. 그 사람에 집중하면 어떻게 되지? 빛나는 피부와 환한 미소가 너의 눈에 쏙 들어올 거야. 그리고 그 순간 나머지 99명은 시야에서 사라져. 집중력 향상을 위해선 지우개가 있어야 해. 다 지워버리고 하나만 살려두면 집중력이 높아져. 다른 것은 시야에서 다 몰아내. 가장 중요한 하나만 보는 거야. 나머지는 싹 지워버려."

집중력을 최대로 높이려면 딱 하나만 생각해야 합니다. 나머지는 모조리 지워야 해요. 그 순간 아주 좋은 일이 생깁니다. 공부가 잘 될 뿐 아니라 근심 걱정이 사라지면서 마음이 편해집니다.

아이들에게 말해주면 좋을 또 다른 집중력 향상 비법을 소개하겠습니다. 유튜버 '대치동 캐슬'님은 '집중력 2배로 만드는 조용한 비밀' 영상에서 이렇게 말하더군요.

"집중력을 두 배로 높이려면, 관심사를 2분의 1로 줄여라."

뛰어난 코치라고 생각합니다. 머릿속의 관심사를 줄이는 만큼 집중력이 높아집니다. 고등학생이라면 더욱 깊이 새겨야 합니다. 일상생활에서 관심 대상의 숫자 또는 종류를 줄이지 않으면 공부에 집중할 수 없습니다. 외모, 이성, 게임, TV, 교우 관계, 아이돌에 다 신경을 쓰면서 공부에도 집중하는 건 세상 최고의 천재에게도 불가능합니다. 아이에게 관심사를 줄이는 연습을 하라고 강력히 권해야 합니다.

'집중력 붕괴 체크 노트'를 만드는 것도 집중력 향상에 좋다고 하더군요. 책상에 메모지 하나를 붙여 놓고 딴생각을 하거나 자리를 뜰 때마다 별을 하나 그리는 겁니다. 나의 집중력 수준을 객관적으로 볼 수 있어서 유익합니다. 노트의 별 개수는 갈수록 줄어들 것입니다.

교육 심리학자가 추천하는 방법도 소개할게요. 미국 심리학자 도린다 램버트Dorinda Lambert 박사가 미국 캔자스 주립 대학교 홈페이지[1]에서 추천한 방법입니다. 이름하여 "지금 여기" 환기법입니다.

수업을 받고 있다고 해볼까요. 정신이 다른 곳으로 자주 떠납니다. 해야 할 숙제, 어제 본 TV 드라마, 다음 주 시험 등에 신경이 쓰이게 됩니다. 이럴 때 속으로 외칩니다. "지금 여기! Be here now!" 다른 장소로 떠났던 정신을 소환하는 주문입니다. 과거나 미래로 빨려 들어간 마음에게 현재로 복귀하라는 명령입니다.

"잡생각이 너의 머리에 침투하면 외쳐 봐. '지금 여기!'라고 말이야."

책을 읽을 때도, 숙제를 할 때도 그리고 시험공부를 하는 동안에도 정신이 다른 곳으로 가는 게 느껴지는 순간 외칩니다. "지금 여기!" 책상 앞이 아니어도 상관없습니다. 엘리베이터에서나 버스 안에서 또는 걸어가면서도 "지금 여기"를 되뇌면 좋을 것입니다.

램버트 박사는 처음에는 하루 수십 번 "지금 여기"를 외쳐야 한다고 말합니다. 사람들 대부분은 하루에도 수십 수백 번 집중력을 잃기 때문입니다. "지금 여기" 훈련법이 이 문제를 고칩니다. 몇 주 안에 집중력 향상의 효과가 나타난다고 합니다.

명상 용어 중에 '마음 챙김mindfulness'이라는 게 있습니다. 지금 여기에 마음을 다 쏟는 것입니다. 그러면 근심이 사라지고 스트레스가 옅어집니다. 마음이 깨끗해져서 행복감도 느끼게 됩니다.

집중력이 향상되면 두 가지 점에서 좋습니다. 학습 성취도가 높아집니다. 또 스트레스가 줄어듭니다. 공부에 집중하는 동안에는 나를 괴롭히는 잡념이 모두 사라집니다. 집중해서 공부하는 아이들이 정신적으로 건강한 이유입니다. 그 사실을 아이에게 알려주면 좋을 것 같습니다.

"집중하면 공부만 잘 되는 게 아냐. 마음도 아주 편안해진다. 걱정을 잊게 돼. 너를 괴롭히는 그 나쁜 스트레스에서 해방되는 거야."

어린 자녀의 집중력 훈련법

"저 가사 듣고 노래 이름 맞혀봐"

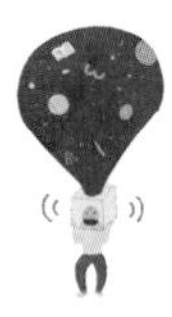

여기 미취학 아이들이 있습니다. 테스트를 해보니 어떤 아이들은 수학과 언어 분야 점수가 높았습니다. 즉 공부를 잘했던 것이죠. 또 다른 아이들은 집중력이 강했습니다. 어느 쪽 아이가 나중에 대학을 졸업할 확률이 높을까요. 수학 및 언어 성적보다 집중력의 영향력이 컸습니다. 집중력이 높은 만 4세 아이가 25세가 되어 대학을 졸업할 확률이 48.7%나 높았습니다.

2013년 미국에서 발표되어 주목받은 한 논문[2]의 주장입니다. 어릴 때 공부 잘하는 아이보다 집중력 높은 아이가 학문에 정진할 확률이 높아지는 것입니다. 반대로 집중력이 낮으면 학업 성취도가 낮을 겁니다. 또 공부 능률도 떨어지겠죠. 집중력은 중요한 공부 능력 중 하나입니다.

아이가 어리다면 집중력을 높여줄 기회가 더 많습니다. 어린 자녀의 집중력을 높이는 간단한 방법을 소개하겠습니다.

심리학자 제이미 M 하워드Jamie M. Howard 박사(미국 아동정신 연구소, 임상 심리학)의 간편하고 실용적인 조언[3]을 소개하겠습니다.

먼저 책을 한 권 읽게 하고 간단한 과제를 내는 방법이 있습니다. 책 내용이 재미있어야 아이의 호응을 얻을 수 있어요. 또 시간을 짧게 잡아야 좋습니다. 가령 이렇게 말을 합니다.

"이건 고양이에 대한 책이야. 15분을 잴 테니까 재미있는 사실을 찾아서 노트에 적어봐."

쓰는 걸 싫어하면 말해보라고 해도 되겠죠. 짧은 시간에 집중해서 책을 읽고 기억하는 훈련을 하게 될 것입니다. 잘했다면 칭찬을 해주거나 감동을 표현합니다. 엄마의 환한 얼굴이 아이에게는 최고의 보상이고 자극이니까 꼭 필요합니다. 아이가 좋아하면 책을 과학이나 언어 영역으로 넓혀도 좋습니다.

노래도 집중력 훈련에 활용할 수 있습니다. 예를 들어서 "우리 저 가사를 듣고, 노래 이름 맞혀볼까?"라고 제안하는 것입니다. 동요도 괜찮고 대중가요라고 해도 나쁠 게 없을 겁니다. 노래 가사를 알아듣기 위해 짧은 시간이라도 집중하면 청각 집중력을 기르는 데 큰 도움이 된다고 합니다.

그런데 하워드 박사에 따르면 부모가 주의해야 할 게 있습니다. 아이의 집중력을 높이려면 할 일을 나누는 것이 무엇보다 중요합니다.

가령 운동화 끈을 묶는 걸 가르친다면 여러 단계로 나눠서 하나하나 해내도록 가르쳐야 합니다. 노래 가사의 경우에도 처음부터 끝까지 맞히라고 해서도 안 됩니다. 복잡한 일을 한꺼번에 내밀면 집중은커녕 겁부터 날 테니까요. 또 한 번에 한 가지만 지시해야 합니다. 여러 가지 일을 시키면 아이의 집중력이 저하되는 것은 너무나 당연합니다. 물론 지시 내용이 쉽고 명확해야 합니다.

영국의 아동 심리학자 리처드 울프슨Richard Woolfson 박사도 집중력 훈련을 할 때는 목표 설정 단계에서 주의할 게 있다고 지적합니다[4].

무엇보다 아이가 성취할 수 있는 목표여야 합니다. 가령 5분 정도만 집중하면 만족하고 그다음은 편히 쉬게 내버려 둬야 합니다. 그다음에 집중 시간을 조금씩 늘리는 것도 중요합니다. 오늘 5분 집중했으면 내일은 5분 30초를 목표로 삼으면 된다는 것이죠.

대체로 집착하지 말아야 얻을 수 있습니다. 자녀의 집중력 문제도 그런 것 같아요. 부모의 무집착이 필요합니다. 공부 능력의 핵심 중 하나라고 하니 집중력을 반드시 높이겠다고 결심하고 집착하면 결과가 나쁠 수 있습니다. 부모의 조바심, 불안과 걱정은 다 드러나게 되어 있으니까요. 아이가 다 알아버릴 겁니다.

설사 지금 집중력이 좀 낮다고 해도 나중에 극적으로 향상될 수 있습니다. 또 부모가 생각하지 못한 분야에 아이가 관심을 보이고 정신을 모을 수도 있는 것이죠. 지나치게 걱정하는 부모가 아이의 잠재된 집중력의 성장을 방해합니다.

공부 밀도 높이는 비법

"오래 하지 말고 짧게 집중하자"

집중은 자기가 원하는 것에 정신을 모으는 것입니다. 말은 간단하지만 아시는 것처럼 쉽지 않습니다. 다른 생각이 자꾸 파고들게 마련이니까요. 하지만 공부할 때 집중하지 않은 시간은 죽은 시간입니다. 집중하지 않으면 차츰 아이의 시간, 기회, 꿈이 소멸해버리고 맙니다. 어떻게든 집중하도록 유도해야 합니다.

부모들은 "집중해서 공부해라"라고 엄하게 지시합니다. 또 다정하게 설득하기도 하죠. "집중하지 않으면 공부하느라 고생한 게 다 소용없어. 제발 정신 집중해라"고 말하는 겁니다.

서희도 그런 말을 많이 했어요. 그런데 모호한 말이더군요. 아이에게 집중력을 기르는 구체적 방법을 알려줄 수는 없을까 고민했습니다. 타이머가 도움이 될 것 같았습니다.

"타이머를 맞춰라. 딱 1시간만 공부하는 거야."

"공부 오래 하면 절대 안 돼. 절대 금지야."

"숙제를 딱 한 시간에 끝내자."

"1시간 후에 시험이라고 생각해봐."

공부할 시간에 제한을 두는 것입니다. 짧은 시간에 집중해서 숙제나 공부를 하라고 시키는 겁니다. 이건 아이들도 동의를 넘어서 반길 겁니다. 정해진 시간 동안 집중해서 공부한 후 나머지는 자유 시간이라고 약속한다면 아이들이 싫다고 할 이유가 없죠. 끝나고 나서는 놀아도 되고 혹시 원해서 더 공부한다고 해도 말리지 않는 겁니다.

시간 제한 공부법의 목적은 공부를 오래 많이 시키는 것이 아닙니다. 짧게 그리고 집중해서 공부하는 습관을 기르는 것이죠. 정해진 시간 후에 아이가 놀더라도 안타까워 말아야 합니다. 이 방법은 초등학교 고학년과 중학년 저학년 때까지도 효과적이었습니다.

아이가 크면 조금 더 과격하게 말해도 먹힙니다.

"어느 변호사는 공부할 때 죽을 각오였다더라. 중요 내용을 못 외우면 벼랑 끝에서 나뭇가지를 놓치는 것과 같다고 생각했다는 거야. 이렇게 마음먹으면 실제로 집중력이 급상승할 거야."

"30분 안에 이걸 외우지 않으면, 지구가 폭발한다고 생각해봐."

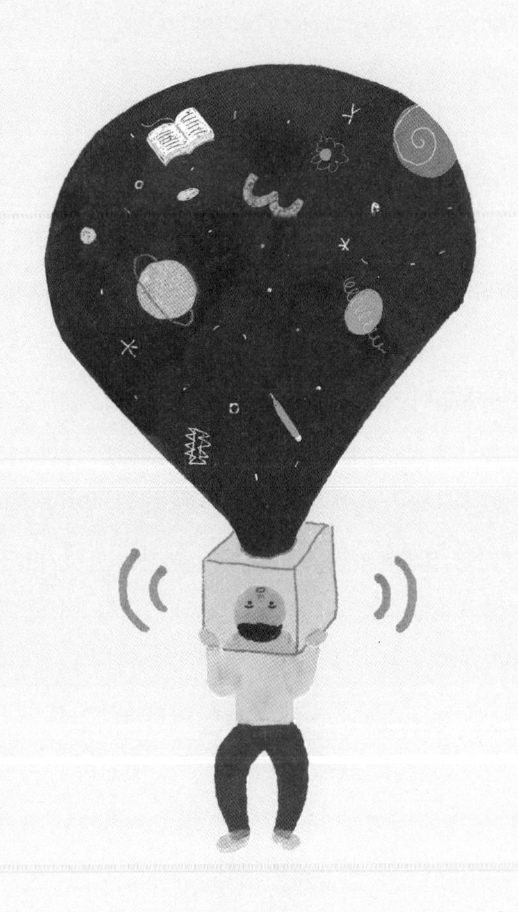

시간 제한 공부법의 목적은
공부를 오래 많이 시키는 것이 아닙니다.
짧게 집중해서 공부하는 습관을 기르는 것이죠.

지구 폭발이나 절벽에서의 추락 등은 과격하기는 합니다. 그래도 뜻이 선명히 전달되는 장점은 있어요. 목숨이라도 걸린 듯 절박하게 마음먹어야 사실 집중이 됩니다. 짧은 시간 동안 고밀도로 공부하는 사람들은 지구 파멸을 막는 슈퍼 히어로의 심정이어야 하는 것입니다.

아이에게 들려주면 좋을 사례는 전효진 변호사의 공부 경험담입니다. 그는 공시생들을 대상으로 한 '공단기 전효진 선생님의 독하게 합격하는 방법' 영상에서 이렇게 말했습니다. 시험공부를 한다면 시간 제한을 두라고 말입니다. 자신은 딱 1년밖에 공부를 할 수 없다는 생각으로 시험공부를 했다고 합니다. 또 실제 경제적 여건도 그랬고요.

전 변호사는 시간이 얼마 없으니 시간 낭비를 하지 않았습니다. 외모 단장은 꿈도 꾸지 않았고 친구까지 다 버리겠다는 심정으로 공부에 몰두했습니다. 모든 시간과 에너지와 정신력을 모아서 짧은 시간 동안 전력투구를 했던 것입니다. 전 변호사는 '언젠가 되겠지'라는 막연한 생각이 아주 해롭다고 강조했습니다.

영원히 학생일 수는 없습니다. 공부할 수 있는 시간은 제한되어 있고 또 엄격히 제한해야 합니다. 공부 시간을 엄격히 정해놓고 모든 것을 쏟아붓는 게 습관이 되어야 합니다. 공부하는 지금이 괴롭다면, 시간을 아껴 써야 지옥에서 탈출할 수 있습니다. 공부하는 아이들에게 말해줘야 합니다.

"집중해라. 이번이 마지막 기회일 수도 있어."

마지막으로 동기 부여에 효과적인 이야기를 덧붙이겠습니다. 전 변호사는 사법고시에 합격한 날 옆방에서 한 여성이 통곡하는 소리를 들었다고 합니다. 동물처럼 서럽게 울었다더군요. 그 여성은 불합격한 것입니다.

전 변호사는 말합니다. 1년 후 웃기 위해 1년 동안 울면서 지내야 한다고요. 아이들에게 많이 힘들어야 나중에 웃을 수 있다고 말해줘야 하겠습니다.

뭘 할지 몰라 혼란스러운 아이에게

"딱 하나에만 집중해"

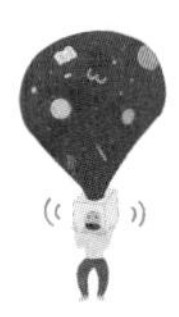

아이들은 숨 막힐 정도로 많은 걸 공부해야 합니다. 학년이 올라갈수록 과목도 많아지고, 각 과목의 내용도 한없이 복잡해집니다. 당장 해야 할 일이 수십 개가 되기 때문에 아이들로서는 혼란에 빠지기 쉬워요. 자신감과 의욕도 꺾이기 십상입니다. 아이에게는 딱 한 가지에 에너지를 쏟는 집중력이 꼭 필요합니다.

부모는 자주 말해줘야 합니다. "딱 하나에만 집중해. 그거면 충분하다"라고 말이죠. 그런데 재미있는 이야기를 곁들여야 아이가 흥미를 느끼고 부모 말에 설득력도 높아질 겁니다. 가령 이소룡에 대한 이야기를 해주면 도움이 될 것 같아요.

"이소룡이라는 홍콩 배우가 있었어. 액션 배우였어. 실제로 굉장한 무술 실력을 갖고 있었지. 지금도 유튜브에 무술 시범 장면이 남아 있어.

어떤 사람의 가슴을 퍽 치면 그 사람이 멀리 밀려나버려. 스케이팅을 하는 것처럼 부드럽고 빠르게 날아가버려. 172cm 키에 깡마른 이소룡이 어떻게 괴력을 발휘할 수 있었을까? 이소룡이 이런 말을 했어.

"가장 성공적인 전사들은 평범한 사람이다. 다만 레이저 같은 집중력을 갖고 있다."

집중력을 가지면 평범한 사람도 위대한 전사가 되는 거야. 무엇인가에 정신의 초점을 맞춰봐. 집중하는 거지. 한 군데 집중하면 엄청난 힘을 발휘해. 여러 군데 정신을 분산시키면 약해져. 요즘 무슨 일을 해야 할지 갈피를 못 잡겠지? 딱 하나만 공략하는 거야. 가장 중요한 한 문제를 골라서 집중하는 거야. 다른 것은 다 잊어버리고. 어때?"

해야 할 일이 여러 가지면 아이들은 아예 포기하고 싶어집니다. 집중을 권해보세요. 다른 것은 다 잊고 하나에만 정신을 쏟으라고 말하는 겁니다. 이소룡 스토리로 부족하다 싶으면 J.K. 롤링도 소환해보세요. 이렇게 이야기를 하는 거죠.

"J.K. 롤링이라고 알아? 소설 《해리포터》를 쓴 작가야. 재산이 1조 원이 넘어. 1,000억 원이 10개 있어야 1조 원이야. 어마어마한 재산을 가졌지만 젊었을 때는 아주 가난했어. 한 남자와 뜨거운 사랑에 빠져서 결혼하고 아기까지 가졌는데 곧 이혼하게 되었지. 할 수 있는 일이 없었어. 딸을 충분히 먹일 수 없을 정도로 가난했어. 매일 절망을 겪어야 했지. 아이를 잘 키울 수 있을지, 자신이 인간다운 삶을 살 수 있을지 자신이 없었지. 이 절망을 어떻게 극복했을까. J.K. 롤링이 하버드 대학교에서 강연하면서 이런 말을 했어.

"내게 중요한 일을 끝내는 데만 모든 에너지를 집중하기 시작했어요."

많은 문젯거리가 있으면 가장 중요한 것만 하나 골라서 거기에 집중하는 거야. 그러면 해결책이 보일 거야. J.K. 롤링은 소설 《해리포터》를 쓰는 데 온 힘을 다 쏟았고 결국 베스트셀러 작가가 되었어. 그 사람처럼 갑부가 되라는 건 아냐. 그 사람처럼 중요한 문제만 골라 집중해야 한다는 거야."

중요한 일 한 가지에 집중하면 문제가 해결될 가능성이 높습니다. 성적 향상을 기대할 수 있는 것이죠. 또 자녀의 마음도 혼란에서 벗어나 편안해질 것입니다. 성적과 행복감을 모두 향상시킬 수 있다면 큰 다행일 것입니다.

'하나에만 집중하기'는 다른 곳에서 말한 집중력 향상 기술과 결국 비슷합니다. 관심사를 줄여야 집중력이 늘어난다고 했습니다. 관심사가 하나일 때 집중력은 최고가 되겠죠. 또 계획을 세워야 집중력이 높아집니다. 오늘 할 일 중에서 가장 중요한 것 하나를 선정해야 거기에 내 시간과 에너지를 집중적으로 쏟을 수 있는 것입니다. 집중력의 비결은 결국 딱 하나만 선택하는 결단력입니다.

유튜브 '의대생 중근' 채널의 주인공도 모범 사례입니다. 중근은 아주 단순한 목표를 세웠고 그것을 따랐다고 합니다.

시작은 고등학교 1학년 3월이었습니다. 당시 평범한 성적이었던 중근은 미래의 꿈이 의사라고 선생님께 밝혔다고 합니다. 선생님은 속으로는 쉽지 않다고 판단하셨을 것 같은데, 희망적인 말씀을 하셨습니다. 중간고사에서 전교 1등을 하면 꿈을 이루는 게 가능하다고 답하셨다는 겁니다. 중근은 전교 1등이 되겠다고 작정하고는 자신과의 약속을 하나 만들었습니다. 당시 전교 1등이었던 친구보다 2시간 적게 자면서 공부하는 것이 목표였습니다. 1시간 늦은 취침과 1시간 이른 기상을 했으니 수면 시간이 4시간도 안 되었습니다. 그러나 중근은 자신과의 약속을 끝까지 지켰고 결국 중간고사에서 전교 1등 자리를 차지했다고 합니다. 친구들과 선생님이 쉽게 믿지 못할 기적 같은 결과였습니다.

아이에게 무엇이건 한 가지 목표를 갖도록 독려하세요. "이번 달의 목표를 딱 하나만 세워봐. 오늘의 목표도 딱 하나여야 해"라고 말해주면 될 것입니다. 모든 힘을 집중할 목표를 세우면 생각하지도 못한 힘을 발휘하게 될 것입니다. 레이저 같은 집중력으로 격파하는 무술인처럼 또는 글쓰기에만 집중해 세계적 베스트셀러가 된 해리포터의 작가처럼 말입니다.

집중력을 끌어올리는

부모 말투

"집중력을 높이는 방법은 하나만 보는 거야. 가장 중요한 것에만 시선을 줘야 해. 나머지는 싹 지워버려."

"집중력을 두 배로 높이려면 관심사를 2분의 1로 줄여라."

"잡생각이 너의 머리에 침투하면 외쳐 봐. '지금 여기!'라고."

"집중하면 공부만 잘 되는 게 아냐. 마음도 아주 편안해진다. 걱정을 잊게 돼."

"타이머를 맞춰라. 딱 1시간만 공부하는 거야."

"1시간 후에 시험이라고 생각해봐."

"가장 성공적인 전사들은 평범한 사람이다. 다만 레이저 같은 집중력을 갖고 있어."

"이번 달의 목표를 하나만 세워봐. 오늘의 목표도 딱 하나여야 해."

효과적 공부법을 찾게 해주세요

반복 독서가 효과가 높은 것 같지만 아니라고 하네요. 왜냐하면 기억 인출 과정이 없기 때문입니다. 책을 반복해서 읽기만 하는 사람은, 자기가 무엇을 배웠는지 하나하나 꺼내서 살펴보고 점검하지 않습니다. 정보를 머릿속에 넣기만 합니다. 즉 입금만 하고 통장에 뭐가 얼마나 들어 있는지 살피지 않아서 학습 효과가 낮다는 겁니다.

세계 최강의 공부법

"셀프 테스트를 해봐"

세상에서 가장 좋은 공부법은 무엇일까요? 사람마다 다르겠죠. 공부하는 사람의 체질과 취향과 성향에 따라 다를 것입니다. 그런데 많은 해외 연구자들이 동의하는 게 있습니다. 심리학계에서 인정하는 가장 효과적인 공부법은 '셀프 테스트practice testing'입니다. 방금 배운 내용에 대해서 스스로 퀴즈를 내고 답하는 겁니다.

예를 들어서 "오늘 배운 핵심 수학 공식은 뭐였지?" "현재 완료의 네 가지 용법은 뭐지?"라고 스스로 질문하고 답해보는 것입니다. 수업이 끝나자마자 책을 덮고 벌떡 일어나느냐 아니면 엉덩이를 붙이고 몇 분이라도 자문자답하느냐는 크나큰 차이를 만듭니다.

셀프 테스트를 추천하는 대표적인 연구자는 존 던롭스키John Dunlosky 교수(미국 켄트 주립 대학교, 심리학과)입니다. 그는 여러 교육학자와 인지 심리학자들을 모아서 공동 연구를 했습니다. 연구 대상은 인기 있는 열 가지 공부법이었죠. 학자들은 열 가지 공부법의 효율성을 비교 분석하고, 그 결과를 한 학술지에 발표해서 큰 주목을 받았습니다.[1] 연구 결과는 아직까지 반박의 대상이 된 적이 많지 않고, 대부분 중요한 참고 자료로 여겨집니다.

셀프 테스트를 하는 것이 가장 효과적인 공부법이라는 게 결론입니다. 방금 익혔던 내용을 다시 떠올리면 기억에 오래 남고, 이해도도 높아집니다. 이렇게 묻는 것이죠.

"심신 이원론과 평행론은 무슨 뜻이지?"
"광합성 색소의 종류는 뭐가 있지?"
"가정법 과거와 가정법 과거 완료의 차이는 뭐지?"

방금 배운 것을 스스로에게 묻고 스스로 답하는 것이 영어로는 '프랙티스 테스팅practice testing'입니다. 비슷한 느낌을 주는 우리말 번역어는 '셀프 테스트'입니다. 혼자 테스트하는 것이 왜 효과적일까요. 기억 속 정보를 꺼내는 것이 적극적인 노력이기 때문입니다. '인출retrieval'이라 불리는 것입니다. 예금을 빼내듯이 기억 속 내용을 잡아 빼는 것이 인출입니다.

비교하자면 자기 가방 속에 들어 있는 것을 하나하나 꺼내 보는 것입니다. 펜, 다이어리, 휴대폰, 사탕, 안경집 등이 들어 있습니다. 하나씩 꺼내서 즉 인출해서 확인한다고 생각해보세요. 기억이 확실하게 굳어질 것입니다. 방금 수업 시간에 배운 내용들 즉 공식, 문법, 개념

등을 하나하나 다시 인출해도 효과가 같습니다. 이해도가 높아지고 기억도 더 강화될 것입니다. 방금 배운 내용을 스스로 묻고 답하면서 확인하는 '셀프 테스트'가 세계 최강의 공부법인 것입니다.

던롭스키 교수와 동료 학자들은 다른 공부 방법의 효과도 연구했지만 실망스러웠다고 합니다. 학생들이 가장 많이 하는 게 책 다시 읽기입니다. 반복 독서가 효과가 높은 것 같지만 아니라고 하네요. 왜냐하면 기억 인출 과정이 없기 때문입니다. 책을 반복해서 읽기만 하는 사람은, 자기가 무엇을 배웠는지 하나하나 꺼내서 살펴보고 점검하지 않습니다. 정보를 머릿속에 넣기만 합니다. 즉 입금만 하고 통장에 뭐가 얼마나 들어 있는지 살피지 않아서 학습 효과가 낮다는 겁니다.

또 다른 공부법으로는 밑줄 긋기와 형광펜 칠하기가 있습니다. 역시 크게 효율적이지 않다고 말합니다. 중요 부분만 골라서 다시 읽는 것에 불과하니까요. 비교적 수동적인 학습이라 볼 수 있습니다.

학습에서 중요한 것은 입력일까요? 출력일까요? 대부분은 입력이라고 생각합니다. 읽고 쓰고 들으면서 정보를 뇌로 집어넣어야 공부라고 생각합니다. 물론 그 과정이 꼭 필요하지만, 기억과 이해의 강도를 높이기 위해서는 꺼내는 연습도 중요합니다. 스스로 물어보면서 머릿속의 정보를 꺼내고 살펴보도록 하세요. 저희도 일찍 알았다면 아이에게 강력 추천했을 것입니다.

그런데 아이들은 테스트하기를 대체로 싫어합니다. 머릿속 정보를 인출하는 게 힘든 과정이기 때문입니다. 에너지를 많이 쓰니 피곤해지죠. 어른들도 해보세요. 최근 습득한 지식들을 하나하나 꺼내서 반추해보세요. 쉽지 않습니다. 생각보다 스트레스가 심한 일입니다.

셀프 테스트를 아이들에게 억지로 시킬 수야 없겠죠. 다만 설명은 해줘야 합니다. 배운 내용을 스스로 테스트하고 답하면 성적이 부쩍 오를 것이라고 말해주면 반가워할 수 있어요.

"공부가 끝난 후에 책을 덮고 곧바로 거실로 나오지 말고 10분만 더 앉아 있어 봐. 새로 배운 게 무엇인지 자신에게 스스로 묻는 거야. '가장 중요한 그 수학 공식은 뭐였지?'라고 묻고 답하는 거야. '3권 분립에서 3권은 뭐지?'라고 자기에게 문제를 내고 답을 말하는 거야. 그게 셀프 테스트야. 셀프 테스트를 하면 기억에 아주 오래 남는대."

"책을 두 번 읽는 것과 한 번만 읽고 셀프 테스트하는 것 중에서 어느 게 더 나을까. 셀프 테스트가 더 효과적이라고 하더라. 셀프 테스트를 하는 습관을 들이면 시험 점수가 아주 높아질 거야."

끝으로 아주 무시무시하고 철저한 복습법을 한 가지 소개하겠습니다. 9개월 공부해서 사법 시험에 합격했다는 이윤규 변호사는 유튜브에서 유명한 공부법 강사입니다. 이 변호사가 '힘든 복습은 그만!'이라는 동영상에서 소개한 복습법이 아주 인상적입니다. 그에 따르면 최소 세 번 복습을 해야 합니다. 먼저 한 챕터를 끝냈다면 다음 챕터로 넘어가지 말고 10분에서 15분 동안 복습을 하라고 합니다. 중요한 것이 무엇인지 따져가면서 내용을 다시 훑는 것이죠. 두 번째로 씻고 곧바로 잠들지 말고 책상에 앉아서 오늘 공부한 전체를 복습합니다. 그런데 만일 제대로 이해되지 않은 게 있다면 다시 그 페이지로 돌아가서 완전히 습득한 후에 자야 한다고 강조합니다. 굉장한 인내와 노력이 필요할 겁니다. 세 번째 복습은 다음 날 합니다. 공부를 시작하기 전에 또 10분 정도 전날 내용을 복습하는 것이죠. 이래야 나중에 또 공부할 시간을 절약하고 시험도 잘 볼 수 있다는 주장입니다.

이윤규 변호사의 복습법은 위에서 말한 '셀프 테스트'와 맥을 같이 하는 부분이 있습니다. 챕터가 끝났다면 우선 10분 정도 복습을 꼭 하라고 이 변호사는 강조합니다. 중요한 지적입니다. 책을 한 번 읽었다고 공부가 끝난 게 아닙니다. 공부가 끝난 후 10분 정도 복습을 해야 공부가 정말 끝납니다. 머릿속에 있는 정보를 끄집어내서 중요한 것은 무엇이고 정확히 이해 못한 것은 뭔지 확인하는 겁니다. 그렇게 자기 점검을 하는 과정을 밟아야 공부를 잘할 수 있습니다.

능동적 사고를 기르는 습관

“다음에는 뭐가 나올까?”

학생들은 보통의 수업에서 수동적인 태도를 취합니다. 멍한 눈빛으로 책 내용이나 교사의 말을 단순하게 흡수하죠. 어떻게 하면 적극성을 깨울 수 있을까 교육학자들이 연구를 많이 했습니다. 하버드 대학교의 수학 교수 데일 윈터Dale Winter가 저서[2]에서 했던 조언도 눈에 띕니다. 강의 중에 학생들의 적극적 사고를 유도하는 방법을 설명하면서 학생들의 ‘예상’을 묻는 게 효과적이라고 설명합니다.

“지금까지 이걸 배웠습니다. 그럼 다음 단원에는 어떤 내용이 나올까요?”

배운 걸 근거로 삼아서 다음 내용을 예상하라는 것입니다. 이러면 학생들은 수동성에서 깨어나서, 내가 배운 것이 무엇인지 묻고 다음 내용을 추리하게 될 것 같습니다.

집에서도 비슷한 질문을 활용할 수 있어요. 책뿐 아니라 TV를 보면서도 던질 수 있는 질문이 얼마든지 있어요.

"이 책의 결말은 어떻게 될까?"

"마당을 나온 암탉에게 무슨 일이 생길까?"

"영화가 어떻게 끝날까?"

"범인은 누구일까?"

책이나 영화의 스토리를 단순하게 흡수하는 게 아니라, 작가와 동등한 위치에서 예상하고 평가하도록 유도하는 질문들입니다. 능동적인 사고를 기르는 데 도움이 될 것입니다.

저희도 어릴 때부터 아이에게 책을 읽어줬습니다. 대부분은 엄마가 그 역할을 했죠. 졸리고 피곤해도 버텼습니다. 강한 의무감이 있었습니다. 책을 읽어줘야 아이가 글을 좋아하게 될 것이고 공부도 잘할 거라고 생각했기 때문에 입이 마르고 눈꺼풀이 내려앉아도 견뎠습니다.

그런데 나중에 책 읽기 방법이 좋았던 것일까 회의하게 되었습니다. 능동적인 사고를 유도하지 않았다는 후회가 있었습니다. 이런 질문들을 했어야 하는 겁니다.

"네가 주인공이라면 어떻게 하겠어?"

"이 사람은 왜 이렇게 못된 짓을 할까?"

"남을 미워하는 게 왜 나쁘지?"

답하기 어려운 질문입니다. 그래도 말해줬다면 아이는 능동적으로 독서하고 적극적으로 사고했을 것 같습니다.

좋은 질문을 못했던 것도 문제지만, 문학보다는 과학이나 역사 등 논픽션을 많이 읽히려고 했던 것도 좋지만은 않았던 것 같습니다. 저희의 판단이 그랬습니다. 문학적 감수성을 키우는 것도 좋지만 '지식'이 더 중요하다는 생각을 했던 것이죠.

미국의 대학교 '뉴 스쿨'의 교육학자인 데이비드 코너 키드David Comer Kidd가 학술지 사이언스에 실었던 논문[3]이 유명합니다. 소설 등의 문학 작품을 많이 읽으면 '지성적 공감 능력'이 높아진다고 합니다. 타인의 기분을 읽어낼 수 있고, 반응도 미리 예측하는 능력이 커진다는 겁니다. 이것은 사회생활에서 아주 중요한 역할을 할 겁니다. 상사와 대화를 하는 일반 직장인은 물론이고 낯선 고객과 상담하는 영업직에게도 유익할 겁니다. 상대의 기분을 먼저 읽고 반응을 예측할 수 있다면, 더욱 설득력 높은 의견을 제시할 수 있을 테니까요. 과학이나 경제 부문의 논픽션뿐 아니라 소설도 중요하다는 사실을 많은 부모님들이 간과하고 있는 게 사실입니다.

한편 과욕도 문제인 것 같습니다. 저희는 아이가 초등 6학년 때《장미의 이름》이라는 책을 추천했었습니다. 《반지의 제왕》이나《해리 포터》와는 비교가 안 될 정도로 난해한 내용이어서 사실은 대학생들

소설 등의 문학 작품을 많이 읽으면
'지성적 공감 능력'이 높아진다고 합니다.
타인의 기분을 읽어낼 수 있고,
반응도 미리 예측하는 능력이 커진다는 겁니다.

도 잘 이해하지 못합니다. 평소 책을 좋아했던 아이는《장미의 이름》을 억지로 읽은 후 후회하는 게 역력했습니다. 이후에는 아빠가 추천하는 책에 경계심을 보였던 것 같습니다. 아빠의 욕심이 과했습니다.

"네가 주인공이면 뭘 하겠어?"라고 역할 이입 질문을 하면 아이가 편하게 답할 수 있는 적정 수준의 책을 읽혀야 했습니다. 어려운 책은 능동적 사고를 길러주기는커녕 독서에 대한 거부감을 불러일으키는 것 같아요. 지나친 욕심이 문제였습니다. 과욕이 육아와 자녀 교육의 숙적입니다.

작업 기억력을 높이는 퀴즈

"이 숫자들을 기억해봐"

여기서는 작업 기억력을 높여주는 간단한 게임을 소개하겠습니다. 작업 기억력working memory은 필요한 정보를 잠깐 기억하는 능력입니다. 예를 들면, 버튼을 누를 때까지 전화번호를 기억하는 능력이 작업 기억력입니다. 또 암산에서도 작업 기억력이 필요합니다. 일례로 선생님이 암산 문제를 냅니다. "15와 29를 더한 후 7을 빼고 2를 곱하세요." 아이는 15와 29를 더하는 동안 '빼기 7'과 '곱하기 2'도 기억해야 합니다. 뇌가 어떤 일, 즉 작업을 하는 동안 많은 정보를 기억할수록 작업 기억력이 좋은 것이고 성적이 높아집니다.

암산뿐 아니라 판단을 하고 새로운 아이디어를 만들 때에도 작업 기억력이 필요합니다. 또 IQ를 결정하는 몇 가지 요소 중 하나가 작업 기억력입니다. 즉 작업 기억력이 좋으면 IQ가 높아질 가능성도 커진다는 뜻입니다.

하지만 작업 기억력만으로 IQ나 학교 성적이 좌우되는 것은 아닙니다. 가령 선생님의 긴 말씀을 기억하려면 어휘력도 좋아야 해요. 아이가 선생님 말씀을 자기 언어로 간략히 바꿀 수 있다면 기억이 쉬워집니다. 독서를 통한 어휘력 향상이 표현력은 물론 기억력을 위해서도 중요한 이유입니다.

하지만 작업 기억력을 높이는 시도가 아이에게 해로울 리 없습니다. 저희가 찾아낸 작업 기억력 향상법을 몇 가지 소개하겠습니다.

먼저 카드놀이가 좋다고 합니다. 규칙을 기억해야 이길 수 있죠. 또 자신이 갖고 있는 카드와 이미 사용되어 바닥에 놓인 카드를 기억하는 능력도 기르게 됩니다. 즐거운 놀이도 작업 기억력을 높입니다. 작업 기억력이 IQ의 한 축이니까 카드놀이가 IQ를 높일 수도 있는 것입니다.

또 다른 방법도 있습니다. 부모에게 강의하도록 하는 것도 효과적입니다. 아이가 새롭게 들었거나 읽은 정보를 강의하듯이 부모에게 말하게 하는 것입니다. 머릿속에 정보를 기억한 채 정리하는 훈련이 됩니다.

명상도 작업 기억력을 높이는 방법이라고 합니다. 해외 과학자의 연구 결과를 굳이 듣지 않아도 납득할 수 있습니다. 잡념을 지워버리고 한 곳에 정신을 집중하는 것이 명상 수련입니다. 기억력을 높이기 위해서도 잡념을 몰아내야 합니다. 명상 훈련을 자주 하면 방금 듣고 읽은 것에 정신을 집중하는 힘이 높아진다고 합니다. 본격적인 명상은 어렵더라도 조용히 눈을 감고 마음을 가라앉히는 연습을 해보라고 아이들에게 추천할 수 있을 겁니다.

마지막으로 미국의 신경과학자가 추천하는 숫자 게임을 소개하겠습니다. 윌리엄 클렘William Klemm 교수(텍사스 A&M 대학교, 신경과학)가 한 심리학 매체에 기고한 글[4]에서 일본 과학자들의 실험에 대해 이야기했습니다.

일본 과학자들은 아이들을 상대로 숫자나 단어를 일정 간격으로 들려주면서 훈련을 시켰습니다. 예를 들어서 숫자 5, 8, 4, 7을 1초 간격으로 들려준 후, 8이 몇 번째인지 아이에게 묻습니다. 또 세 번째 숫자는 무엇이었는지 물어볼 수도 있겠죠. 훈련을 거듭하면서 숫자의 개수를 8개까지 늘렸습니다. 예를 들면 이렇게 하면 됩니다.

"이제 말하는 숫자를 기억해봐. 4, 2, 9, 0, 7! 방금 말한 숫자 중에서 두 번째 숫자는 뭐였어? 또 다섯 번째 숫자는 뭐야?"

이 훈련을 지속했더니 IQ 상승 효과가 있는 것으로 나타났습니다. 초등 1학년을 대상으로 테스트했는데 숫자 놀이 훈련을 받은 아이들이 받지 않은 아이들보다 IQ가 3% 더 향상되었다는 겁니다.

연구 결과를 맹신하지는 말고 시도해볼 가치는 있을 겁니다. 저희도 자주 해봤는데 IQ의 변화는 측정할 도리가 없어서 알 수 없었으나, 재미도 있고 집중 연습도 되는 것 같았습니다.

숫자 대신 단어를 쓸 수도 있고, 방금 책에서 읽은 내용을 설명해달라고 해도 좋습니다. TV 프로그램이나 영화에 대해서 말해도 됩니다.

한편 작업 기억력이 높은 아이들은 정서적으로 안정적이라는 게 정설입니다. 뒤집어 말해서 불안하고 괴로우면 작업 기억력은 낮아지는 겁니다. 편안한 마음을 갖게 하는 게 작업 기억력을 높이고 IQ 상승 가능성도 높이게 됩니다.

암기의 진실을 알려주는 말

"세 번은 까먹어야 네 것이 된다"

암기는 힘든 일입니다. 학생들은 산더미처럼 많은 낯선 정보를 머릿속에 욱여넣다가 절망하는 경우가 많습니다. 초등학교 고학년 때부터 저희 아이가 여러 번 물었습니다. 어떻게 하면 암기를 잘할 수 있냐는 것이었습니다.

책을 찾아보고 영어권 자료를 검색해도 기적의 기억법은 없었습니다. 누구도 고통 없이 암기할 수는 없는 것입니다. 그래도 널리 인정받고 도움 되는 팁은 있더군요.

가장 많이 추천받는 것이 소리 내서 읽는 방법입니다. 눈으로만 읽으면 시각만 사용하지만 소리 내면 청각도 동원되죠. 또 쓰면서 외우면 몸이 움직입니다. 여러 감각을 사용하면서 읽는 게 좋다는 설명입니다. 많이 아는 방법이지만 의외로 실천하는 사람들은 소수입니다.

그다음으로 유명한 암기법은 부모나 친구에게 강의하기입니다. 강의를 통해 정보를 조리 있게 요약하는 능력이 생깁니다. 적절히 압축된 정보는 기억하기 훨씬 좋습니다. 아이가 암기를 힘들어하면 "방금 공부한 것을 설명해달라"고 해보세요. 아이는 강의하면서 학습 내용을 뇌리 깊이 기억하게 될 것입니다.

한편 넘치게 강조해도 될 암기의 중요 원칙이 있습니다. '이해'가 전제되어야 '암기'가 가능하다는 것입니다. 암기의 잔기술은 세상에 많지만 유익하지 않습니다. 가령 '태정태세문단세'처럼 초성만 따서 역사, 화학, 영문법 내용을 외우는 데는 명백한 한계가 있습니다. 이해 없는 암기는 사실 불가능합니다.

박영주 변호사는 유튜브 영상에서 구체적인 암기법을 알려주더군요. 사법 고시를 공부하면서 처음 책을 읽을 때 먼저 이해 위주로 읽었다고 합니다. 암기할 생각은 전혀 하지 않고 내용의 이해만을 목적으로 삼는 겁니다. 두 번째 읽을 때부터 암기가 시작됩니다. 문제를 풀어보면서 잘 틀리고 암기가 되지 않은 것을 찾아서 집중한다고 했습니다.

식기 전에 음식을 먹듯이, 잊기 전에 암기하는 것도 좋은 방법입니다. 2014년 EBS '공부의 달인'에 출연했던 당시 고등학생 최보희 양이 알려준 기법입니다. 최보희 양은 중학교 때 133명 중 130등까지 해봤던 공부 꼴찌 소녀였습니다. 하지만 나중에 수학 1등급을 받고 전 과목 최상위권에 오릅니다. 눈길이 가는 공부 비법은 두 가지입니다. 먼저 수업이 끝나면 즉시 선생님에게 달려가서 질문했습니다. 모르는 걸 빠르게 해결하는 것입니다. 그리고 쉬는 시간 10분 동안에 수업 내용을 반복했습니다. 방금 배운 것을 되새기니 암기가 더 잘 되었다고 하더군요. 미루지 말고 잊기 전에 복습하는 것이 암기의 중요한 기술입니다.

그런데 저희 생각에는 중요한 건 따로 있습니다. 암기 기법이 아니라 암기에 대한 마음가짐이 훨씬 중요합니다. 단박 암기는 불가능하다는 사실을 받아들여야 암기의 고통이 줄어듭니다. 반복 암기가 인간 뇌의 운명이라고 인정할 때, 암기가 편해집니다. 암기를 대하는 바른 마음가짐을 요구하면서 저희 아이에게 이렇게 말해줬습니다.

"천재를 빼고 한 번에 외우는 사람은 없어. 서울대나 하버드대 학생들도 다 마찬가지야. 기억했다 잊어버리고, 또 외웠다가 잊어버리는 과정을 최소 세 번은 반복해야 기억에 남는 거야."

세 번이라는 과학적 근거는 없습니다. 다섯 번이라고 하면 너무 많은 것 같고, 아이가 암기를 두려워하게 될 것 같아서 세 번이라고 말했습니다. 말을 들은 저희 아이는 조금 당황스러워하는 것 같았지만 곧 나아졌습니다. 원래 단박에 외울 수 없다는 진실을 받아들였고 이후에는 암기와 망각의 반복을 괴로워하지 않았습니다.

한번은 이렇게 물었습니다. "자꾸 잊어버리니까 짜증 나지 않아?" 아이의 대답은 담담했어요. "다른 애들도 그렇다면서요. 그럼 괜찮아요." 그런 대견한 대답은 흔하지 않았고 외우는 게 힘들어 짜증 낼 때가 많았지만 그래도 기억에 남는 일화입니다.

인생에 일확천금이 없다는 걸 알아야 성실해집니다. 그렇듯이 한번에 암기하는 게 불가능하다고 생각하는 아이들은 더 충실히 공부할 것입니다.

생각해보면 공부는 마음의 도를 닦는 일과 비슷한 것 같습니다. 한꺼번에 외울 수 없고, 한번에 성적을 올릴 수 없으며, 한번 성공이 영원하지 않다는 걸 인정하는 사람이 공부를 잘할 수 있으니까요. 기대와 달리 성과는 천천히 나타난다는 걸 일깨워줘야 아이의 공부 지구력이 더 강해질 것입니다.

최강 공부법을 찾아주는

부모 말투

"수업 시간에 배운 게 뭐였는지 하나씩 생각해볼까?"

"오늘 배운 현재 완료의 네 가지 용법은 뭐였지?"

"셀프 테스트를 하면 기억에 아주 오래 남는대. 공부가 끝난 후에 새로 배운 게 무엇인지 스스로 묻고, 하나씩 답해보는 거야."

"네가 책 속의 주인공이면 뭘, 어떻게 하겠어? 한번 생각해보자."

"첫 번째 읽기 땐 이해하기만 하자. 두 번째 읽기부터 암기해보는 거야."

"미루지 말자. 모르는 건 바로 해결하고, 잊기 전에 자주 복습하자."

"암기가 힘들다면, 방금 공부한 것을 강의하듯 설명해줘도 좋아."

"천재를 빼고 한 번에 외우는 사람은 없어. 기억했다가 잊어버리고, 또 외웠다가 잊어버리는 과정을 반복해야 기억에 남는 거야."

슬럼프에서 탈출하도록 도와주세요

오랫동안 공부가 잘 되었는데 어느 날 눈을 뜨니 우물에라도 빠진 듯 공부가 부진해집니다. 의욕도 사라지고 기운도 빠집니다. 한 시즌 오랫동안 경기를 해야 하는 프로야구 선수들이 그런 것처럼, 장기간 공부하는 아이들도 공부 슬럼프에 빠지게 되어 있습니다. 어떻게든 탈출해야 합니다. 깊은 우물 바닥에서 자포자기 말고 벽을 타고 올라야 해요.

머리 나쁘다고 절망하는 아이에게

"사람의 지능은 변하는 거야"

"엄마, 나도 IQ 검사받고 싶어." 저희 아이가 어릴 때 불쑥 꺼냈던 말입니다. 친구들이 사설 기관에서 IQ 테스트를 받고 높게 나왔다며 자랑했다고 합니다. 저희 부부는 아이의 IQ 검사를 허락하지 않았습니다. 혹시 낮게 나오면 어쩌나 겁이 났기 때문입니다.

아이들은 초등학교 저학년 때부터 IQ 경쟁을 벌입니다. IQ 검사 결과를 갖고 우월감을 갖거나 또는 열등의식에 빠지게 되죠. 학년이 올라가도 '머리 좋은 아이'는 선망의 대상입니다. 그리고 남몰래 나쁜 머리를 탓하며 힘들어하는 아이들도 있습니다.

그런 우월감이나 좌절의 배후에는 지능 불변에 대한 믿음이 자리 잡고 있습니다. 낮은 지능이나 높은 지능이 평생 변하지 않는다는 생각인 것이죠. 아이도 그렇고 부모도 비슷한 생각을 합니다. 그런데 그런 믿음은 학습 능력을 떨어뜨립니다. 지능이 변화한다고 생각해야 더 열심히 공부하고 성적도 오른다는 연구 결과가 있어요.

사회 심리학자 조슈아 애런슨Joshua Michael Aronson 교수(미국 뉴욕 대학교)는 2001년 발표한 논문[1]에서 중요한 사실을 말합니다. 사람의 지적 능력이 변한다고 믿는 대학생들이 나중에 성적이 좋아졌습니다. 반대로 지적 능력은 고정적이라서 변화하거나 나아지지 않는다고 믿는 학생들도 있었는데, 그들은 성적이 향상되지 않은 것으로 나타났습니다.

지능의 변화 가능성을 믿으면 성적이 높아지고, 지능 불변을 믿으면 성적이 높아지기 어려운 것입니다. 읽고 생각하고 공부하면 지능이 실제로 높아진다는 게 상식입니다. 결국 이 상식을 자주 말해주는 게 아이에게 이롭다는 결론에 이릅니다.

"사람의 지능은 변하는 거야."

"너는 앞으로 더 똑똑해질 거야."

설사 IQ 검사 결과가 나쁘더라도 아이는 희망을 품고 공부할 것입니다. 당연히 성적도 좋아지고 지적 능력도 높아지겠죠. 자신 안에 긍정적 변화의 씨앗이 있다는 걸 믿는 아이로 커가는 것입니다.

현명하지 못한 부모가 하는 말들도 있습니다.

"너는 머리가 나빠. 그러니 친구들보다 공부를 더 많이 해야 해."

"여자는 원래 수학을 못해."

지적 능력이 낮을 뿐 아니라 향상되지도 않는다는 단언이 숨어 있는 말들입니다. 당연히 아이에게 해로운 말입니다.

똑똑해진다고 믿어야 똑똑해집니다. "나는 친구보다 머리가 나쁜 것 같아요"라고 좌절하는 아이에게는 "지적 능력은 근육처럼 키울 수 있어"라고 말해주는 게 낫습니다. "여자는 원래 수학을 못한다"면서 자포자기하는 아이에게는 "수학은 원래 남녀 모두에게 어려운데 노력하면 남녀 구분 없이 실력이 향상될 수 있어"라고 말해야 할 것입니다.

아울러 아이들이 공감할 수 있는 생생한 사례를 들려주면 아주 효과적입니다. "천재들이라고 해서 편안한 인생이 펼쳐지는 게 아니다. 천재들도 고생하고 노력하면서 살아간다"고 말해주세요. 김웅용 교수의 사례를 들려주면 설득력이 높을 겁니다.

1962년생인 김웅용 교수는 IQ가 210인 것으로 유명했습니다. 만 1세가 되기 전에 한글을 익혔고, 5세가 되기 전에는 4개 언어를 할 수 있었고, 적분도 풀었다고 합니다. 미국으로 유학을 간 10대 초반에 미항공우주국의 연구원까지 되었다고 하는데, 결국 한국으로 돌아왔습니다. 어린 나이에 외로움을 견딜 수 없었던 것입니다. 그런데 한국에 돌아오니 그는 대학에 진학할 수도 없었습니다. 초·중·고등학교를 졸업하지 않았기 때문입니다. 검정고시를 치르고 충북대에서 공학 박사 학위를 취득하여 현재는 의정부에 있는 한 대학교의 교수로 있습니다.

IQ 210이면 인류 최고 수준의 지능이었습니다. 그런데 천재 소년의 삶 역시 마냥 순탄한 것은 아니었습니다. 외로움과 좌절을 견디고 대입 시험과 취업 시험 등 남들과 같은 난관을 통과해야 했습니다. 천재에게도 고통스러운 노력의 과정은 있는 것입니다. 머리 좋은 친구를 마냥 부러워할 이유가 전혀 없습니다.

최고의 IQ가 인생의 행복을 보장하지 않듯이, 평균 IQ라고 해서 절대 불리한 것이 아닙니다. 게다가 지능은 변화하고 발전합니다. 그렇게 말해주면 자녀의 자신감과 희망이 더욱 커질 것입니다.

깊은 슬럼프에 빠졌다면

"꿈을 이룬 자신을 상상해봐"

어느 날 아이가 눈을 뜨니 깊고 깊은 우물에 빠져 있었습니다. 구해달라고 외쳐도 소리가 밖으로 나가지 않을 정도로 깊었습니다. 햇빛도 들지 않아 우물 바닥은 하루 종일 어두컴컴합니다. 아이에게 보이는 것은 까마득한 우물 입구의 원형 빛뿐입니다. 그 빛이 보여서 아이는 우물 벽의 튀어나온 돌들을 잡고 디디면서 오를 수 있었습니다. 우물 입구가 막혔더라면 아이는 우물 속에 주저앉아 있었을 겁니다.

슬럼프라는 게 그런 우물 같은 것입니다. 오랫동안 공부가 잘 되었는데 어느 날 눈을 뜨니 우물에라도 빠진 듯 공부가 부진해집니다. 의욕도 사라지고 기운도 빠집니다. 한 시즌 오랫동안 경기를 해야 하는 프로야구 선수들이 그런 것처럼, 장기간 공부하는 아이들도 공부 슬럼프에 빠지게 되어 있습니다. 어떻게든 탈출해야 합니다. 깊은 우물 바닥에서 자포자기 말고 벽을 타고 올라야 해요.

공부를 열심히 하다가 잠깐 슬럼프에 빠지는 아이가 있는 반면, 몇 달 동안 장기 슬럼프 속에서 허우적대는 아이들도 있습니다. 어떻게 하면 슬럼프에서 벗어나게 동기를 부여할 수 있을까요?

세 가지가 필요합니다. 이해, 독려, 상상이 그것입니다. 아이의 좌절감을 진심으로 이해하고, 힘들어도 한 번 더 해보자고 독려하고, 미래의 행복한 상상을 해보라고 강력 추천하는 것이죠. 여기서 가장 중요한 것이 상상일 겁니다. 행복한 상상은 우물 밖의 환한 빛과 같아서 아이를 구해낼 것입니다.

먼저 이해하는 법에 대해서 볼까요? 어렵지 않습니다. 공감하면 됩니다. 갑자기 부진에 빠진 게 아이의 노력이 부족하다거나 정신력이 약해서 그렇다고 생각하지 말아야 합니다. 비판적 판단을 내리면 따뜻한 이해가 불가능합니다. 아이가 겪었을 고통을 공감하면서 말해보세요.

"공부를 그렇게 열심히 했으니, 지치는 게 당연해."

"슬럼프에 빠졌구나. 많이 힘들겠다."

진심을 갖고 이해의 말을 하면 아이는 고마워할 것입니다. 아이 기분이 나아졌다면 이제는 2단계로 넘어갑니다. 한 번 더 해보자고 독려하는 것입니다. 적절한 힘으로 아이 등을 떠미는 건 육아의 필수 기술입니다.

미국의 자녀교육 전문가 짐 테일러Jim Taylor 박사가 저서[2]에서 독려 방법을 알려줍니다. 부모는 두 가지 말을 할 수 있습니다. 아이의 반응이 어떻게 다를까요?

1) "그동안 고생했다. 원하면 쉬어도 돼."

2) "그동안 고생했다. 그런데 너는 더 잘할 수 있어."

'1'이라고 말하면 많은 아이들이 노력을 포기하고 멈추는 쪽을 택한다는 게 테일러 박사의 설명입니다. 누구나 편한 게 좋기 때문이죠. '2'가 낫다는 말입니다. 이미 우리 사회 부모들이 많이 하는 말입니다. 어떻게 보면 매몰찹니다. 만족을 불허하기 때문입니다. 휴식 기회를 빼앗는 까닭입니다. 그러나 특히 슬럼프의 기미가 보이는 아이에게는 쉬라고만 해서는 곤란하다는군요. 더 높은 목표를 제시하는 것도 필요합니다.

테일러 박사는 성공적인 아이로 키우기 위해서 '긍정적인 압박'이 필수라고 강조하는 이론가입니다. 특히 자녀가 갑작스러운 부진에 빠졌을 때 압박의 기술이 유용합니다.

"포기하지 마. 에디슨이 이런 말을 했어. 실패하는 사람은 대부분 성공 직전에 포기한다고. 또 성공의 유일한 방법은 한 번 더 시도하는 것이라고도 했지. 딱 한 번만 더 도전해보자. 결과가 완전히 달라질 수 있어."

"스피드 스케이팅 선수들은 신기록을 세우기 직전에 슬럼프를 겪는대. 거꾸로 보면 슬럼프에 빠졌다면 좋은 소식이야. 곧 신기록으로 도약할 수 있다는 뜻이거든. 슬럼프에 빠졌다면 너도 도약 직전이야. 슬럼프 온 거 축하해. 힘내."

위의 말들은 밝습니다. '실패한다' '끝장난다'고 겁주지 않습니다. '성공'이나 '도약' 등 긍정적 의미의 단어를 활용하는 응원입니다.

아이를 이해하고 응원했다면 방법 하나가 남게 됩니다. 행복한 상상을 '강추'하는 단계입니다. 즉 아이에게 "미래의 너를 상상해보라"고 권하는 것이죠. 꿈을 이룬 후의 행복한 자기 모습을 머릿속에 그리도록 해보세요.

"원하는 대학에 입학한 후에 친구들을 사귀고 실컷 여행도 다니는 상상을 해봐."

"구체적인 상상이 좋아. 파리나 런던의 길거리를 산책하는 너의 모습을 상상하는 거야. 자유롭고 여유롭게 말이야."

"돈을 위해 공부하는 건 아니지만, 그래도 성공해서 돈을 많이 번다고 상상해봐. 뭘 사고 싶니? 자가용? 비행기? 부모님에게 줄 선물? 구체적으로 상상해봐."

"이번 기말고사를 잘 봤다고 상상해봐. 네가 얼마나 멋있게 보일까? 친구와 가족의 찬사가 쏟아질 거야. 그렇게 행복한 상상을 해봐."

이런 행복한 미래에 대한 상상으로 슬럼프를 극복했다는 수험생의 실제 스토리를 전하겠습니다. 2013학년도 수능 만점자로 연세대에 다니는 서준호 씨가 유튜브 영상에서 했던 말입니다. 공부하기 싫어질 때면 꿈을 이룬 자신의 모습을 상상했다고 합니다. 원하는 학교의 정문을 통과하는 자신이나 잔디밭에 앉아서 막걸리 마시는 모습 등 구체적인 상상이었다고 하네요. 또 원하는 대학의 배지도 달고 다녔대요. 그렇게 합격 이후의 상상을 했더니 힘든 고3 생활을 견딜 수 있었다고 합니다.

또 《공부의 신, 천 개의 시크릿》의 저자 강성태 씨는 미래를 상상할 때는 최대한 구체적으로 상황을 설정해보라 말합니다. 예컨대 미국 뉴욕의 고급 아파트에서 깔끔하게 다림질된 수트를 입고, 맨해튼의 컨설팅 회사로 출근하는 모습을 상상하는 겁니다.

자신이 원하는 미래를 머릿속으로 상상하거나 글로 쓰도록 아이에게 권해보세요. 행복한 상상을 하면, 오늘의 고통을 견딜 힘이 생깁니다. 특히 깊은 슬럼프의 무기력에 빠진 아이에게는 행복한 상상이 효과가 높습니다. 아이가 미래의 멋진 자기 모습을 상상할 수 있다면, 깊은 우물 밖의 빛을 볼 수 있는 것과 같습니다. 전문 암벽 등반가처럼 두려움 없이 기어올라서 씩씩하게 슬럼프를 탈출할 것입니다.

좌절을 이기는 '그릿'의 힘

"성적이 떨어져봐야 쑥 오른다"

참 유별나다고 생각을 했습니다. 10년 넘게 고립된 환경에서 공부해서 국가고시에 합격한 사람들이 매년 언론에 소개되곤 했습니다. 존경스러우면서도 평범한 우리와는 다른 특별한 존재 같았습니다. 그런데 우리 주변에도 그런 '특별한 존재'들이 있다는 걸 나중에 알았습니다. 대학에 들어가기 위해서도 10년 가까이 인내하며 고생해야 합니다. 우리 주변의 수많은 아이들이 지독하게 공부를 견디고 있습니다.

그렇게 꿈을 향해 오래 공부하여 결국 목표를 이루는 사람들은 '그릿grit'이라는 성격을 갖고 있습니다. 그릿은 성공학 분야에서 사용 빈도가 높은 단어로서, 창안자가 설명하는 뜻을 그대로 옮기면 '장기 목표를 향한 열정과 지구력'입니다. 어떤 목표를 향해 수년 동안 열정과 지구력을 유지하는 성향을 뜻합니다. 줄여서 '장기 열정과 지구력'이라고 하면 뜻이 통할 것 같네요.

미국의 심리학자 안젤라 더크워스Angela Duckworth 교수(펜실베이니아 대학교)가 그릿이라는 개념을 고안해서 굉장히 유명해졌습니다. 그는 2013년 TED 강연[3]에서 그릿에 대해서 처음 이야기를 했어요. 수학 교사로 일한 적이 있는데, 성적 차이를 결정짓는 게 지능 지수만이 아니라는 사실을 알게 되었다고 합니다. 나중에 심리학자가 되어서 미군사관학교 생도, 교사, 단어 대회 참가 어린이, 기업의 사원 등을 연구했는데, 성공은 그릿이라는 심리적 특성에 의해 결정된다는 결론에 도달하게 되었다고 해요. 그릿, 즉 장기 열정과 지구력이 있는 사람이 어려움을 극복하고 큰 목표를 이룰 수 있다는 겁니다.

그러면 내가 그릿을 가졌는지 여부를 어떻게 알까요? 더크워스 교수는 2016년 미국 시사주간지 타임과의 인터뷰[4]에서 가장 단순명료하게 설명했습니다. 그릿을 가진 사람에게는 세 가지가 있습니다. 오랫동안 좋아하는 것, 좌절 긍정 능력, 성장 마인드 셋이 그것입니다.

그릿이 있는 사람은 무엇인가를 오래 좋아합니다. 영원히 지루하지 않을 관심사가 있는 것이죠. 피규어 모으기와 같은 취미도 좋고 최고 갑부가 되겠다는 인생의 큰 목표도 좋습니다. 나를 매료시키고 정신없게 만들 무엇인가가 있어야 합니다.

또 그릿을 가진 사람은 좌절이 꼭 필요한 거라고 생각합니다. 모든 사람들이 실수하고 좌절감을 느낍니다. 그러면 마음이 상하고 곧 목표를 포기하게 되죠. 그런데 실수는 성공을 위해 꼭 필요한 것입니다. 안젤라 더크워스는 말했습니다. "바로 실수를 통해서 우리는 더 좋아집니다. 실수와 실패를 하는 건 정상일 뿐 아니라 실은 필수입니다.”
좌절과 실수를 긍정적으로 볼 수 있는 사람의 마음속에 그릿이 자랍니다.

그릿의 소유자는 자신이 변화하고 성장할 수 있다고 믿는다고 더크워스 교수는 말합니다. 다름 아니라 성장 마인드셋이 그릿의 밑바탕이라는 말입니다. 더크워스 교수의 표현을 빌면 “인간은 변화하고 성장하도록 디자인되었다”는 확신이 필요합니다. “또 2년 후의 내가 지금과 같다고 가정하지 말아야” 합니다. 그런 사람이 그릿 보유자입니다.

성공의 동력이라고 하니 우리 아이들도 그릿을 가져야 합니다. 그릿을 키워주려면 어떤 말을 해야 할까요. 더크워스 교수의 설명 중에서도 저희가 가장 주목할 만한 것은 좌절에 관한 대목입니다. 좌절과 실수와 실패가 성공을 위해 필수라고 했습니다. 우리나라 중고생의 입장에 대입해서 이렇게 조언할 수 있습니다.

“실패하지 않으면 성공할 수 없어.”

“성적이 떨어져봐야 올라가.”

“이제 새 학기가 시작되었어. 미리 각오해. 너는 좌절과 실패를 자주 겪을 거야. 그 너머에 성공이 있어.”

“넘어져도 겁내지 마. 훌훌 털고 일어나서 다시 도전하면 되는 거야.”

누구나 좌절은 힘든 경험입니다. 슬프고 억울하고 화가 나게 되어

그릿을 가진 사람은 좌절이 꼭 필요한 거라고 생각합니다.
좌절하고 실패하더라도 장기 목표를 향해
열정적으로 돌진할 겁니다.

있어요. 좌절이 포기로 이어지고 성적 추락을 낳을 수도 있습니다. 그런데 좌절이 당연하다고 생각하는 아이는 좌절하고 실패하더라도 장기 목표를 향해 열정적으로 돌진할 겁니다. 성적이 조금 떨어지더라도 개의치 않고 공부에 쭉 매진하겠죠. 성적은 곧 다시 오를 겁니다.

그릿 개념의 전문가인 안젤라 더크워스 교수 본인의 개인적인 사연을 봐도 도움이 될 겁니다. 그가 했던 미국 언론과의 인터뷰[5]에서 네 개의 어록을 선별해 소개하겠습니다.

1) "천부적 재능이 없는데도 위대한 일을 이루고 싶다. 그럼 어떻게 해야 할까?"

더크워스 교수가 아버지 덕분에 갖게 된 생각이라고 하네요. 아버지는 식탁에 앉아 가족들에게 자주 물었다는군요. "모차르트와 베토벤 중에서 누가 더 위대한 천재일까. 마티스와 피카소 중에는?" 아이들은 자기주장을 펴고 논쟁도 하면서 시간을 보냈겠죠. 그러는 중에 어린 더크워스 교수의 마음에 의문이 떠올랐다고 합니다. '나는 천재가 아닌데, 그럼 어떻게 해야 큰일을 할 수 있을까?'라고 생각하게 된 것이죠. 방법을 찾았을 테고 의지를 다지게 되었겠죠. 그리고 큰 노력과 성취로 이어졌습니다.

2) "내가 보여주겠어. 당신이 틀렸다는 걸 증명할 거야."

누군가 "너는 안 돼" "너는 실력이 부족해"라면서 밀어내면 더크워스 교수의 마음속에 오기가 생겼습니다. 자신감도 커졌습니다. 상대가 틀렸고 내가 옳다는 걸 증명할 수 있다는 자기 믿음이 솟아오른 것입니다.

3) "다음에 또 해보자."

더크워스 교수가 사용하는 '비판'입니다. 아이들에게 칭찬과 비판이 꼭 필요하다면서 소개한 것입니다. 보통 비판은 어둡습니다. 부모들은 "넌 안 돼" "또 틀렸잖아"처럼 부정적인 비판을 많이 하죠. 그런데 "다음에 또 해보자"는 다릅니다. '이번에는 실패했다'는 뜻이 숨어 있지만 아이의 자존심을 상하게 하지 않습니다. 기를 꺾지도 않죠. 게다가 다시 시도하도록 독려하는 말입니다.

4) "너는 이렇게 하니까 더 잘하더라."

저 말을 듣는 순간 아이의 마음이 화사해질 것입니다. 아이에게 문제 해결 능력이 있다는 걸 알려주는 말이니까요. 실패를 겪은 아이에게 큰 힘이 될 것입니다. 아이는 "나도 더 잘할 수 있구나. 방법을 더 찾아보자"라고 생각하고 자신의 잠재력을 신뢰하기 시작할 것입니다. 열정과 지구력 즉 그릿은 이런 자기 긍정에서 자라게 됩니다.

자꾸 포기하는 게 안타깝다면

"그만해도 될지 스스로 판단해봐"

바이올린이 없었다면 천재 알버트 아인슈타인도 없었을 것입니다. 아인슈타인은 어릴 때부터 늙어서 더 이상 손가락을 뜻대로 움직이지 못하게 될 때까지 바이올린 연주를 즐겼습니다. 지인들을 모아 놓고 정기적으로 열었던 작은 음악회는 삶에서 우선순위가 높은 이벤트였습니다. 물리학 연구의 중심에도 바이올린이 있었습니다. 연구를 시작하기 전 바이올린 연주로 브레인 스토밍을 하고 연구하다 막히면 연주를 하며 새로운 영감을 얻었다고 합니다. 아인슈타인은 바이올린 덕분에 결혼도 했습니다. 아내 엘사는 모차르트를 아름답게 연주하는 알버트를 보고는 그만 사랑에 빠졌다고 합니다. 바이올린이 인류 최고의 천재 삶에서 중추였던 것이죠. 음악가는 그의 두 번째 꿈이었습니다.

"내가 물리학자가 아니면 분명히 음악가가 되었을 겁니다. 나는 음악 속에서 자주 생각해요. 음악 속에서 공상도 하고요. … 내 인생 대부분의 기쁨은 나의 바이올린에서 왔습니다."

그런데 아인슈타인과 바이올린의 관계는 초반에 파탄 날 뻔했습니다. 어린 아인슈타인이 바이올린 연주를 배우기 싫어서 극렬히 저항하는 '사고'가 벌어진 것은 1884년이었습니다. 당시 여섯 살의 아인슈타인은 바이올린 연주가 싫은 정도가 아니라 끔찍했던 모양입니다. 소리를 지르고 반항하면서 바이올린 선생님에게 의자를 집어 던졌습니다. 우리 아이들도 간혹 하는 아주 못돼먹은 행동입니다.

보통의 어머니 같으면 격분하거나 조용히 바이올린 교육을 포기했겠지만, 아인슈타인의 어머니 파울린은 달랐습니다. 아들을 야단치지 않았다고 합니다. 그렇다고 바이올린을 그만두게 허락한 것도 아닙니다. 차분히 설득해서 포기하지 못하게 막았다고 합니다. 피아노 연주자였던 파울린이 보기에 어린 아들은 집중력에 문제가 있었고, 음악이 치유할 것이라고 기대했습니다. 결과적으로 어머니의 기대는 실현되었습니다. 아인슈타인은 집중력과 창의력을 발휘해 우주의 비밀을 밝혀낸 천재가 되었습니다. 바이올린도 아인슈타인의 성공에 큰 몫을 한 것입니다.

여섯 살 아인슈타인과 어머니의 갈등 일화는 육아 분야 저서[6]를 내면서 로날드 퍼거슨Ronald Ferguson 교수(미국 하버드 대학교, 경제학)가 소개해서 유명해진 것입니다. 퍼거슨 교수는 포기를 허락하지 않는 어머니의 대표로 파울린 아인슈타인을 꼽았습니다.

아이와 대화하고 협상해서 중도에 포기하지 못하게 하는 것이 부모의 역할 중 하나입니다. 물론 때로는 빠른 포기가 지혜입니다. 안 되겠다 싶으면 빨리 접고 새로운 길로 나서는 사람이 현명하죠. 하지만 너무 빠른 포기는 문제입니다. 포기가 잦으면 평생 흐지부지 살게 될 겁니다.

부모는 아이의 포기 버릇을 미리 차단해야 합니다. 현명한 포기는 용인하더라도 게으르거나 용기가 없어 하는 포기를 꼭 막아야 하는 것이죠. 그러기 위해 두 가지 방법을 쓰는 게 좋습니다. 부모가 단호하게 버티는 방법. 그리고 아이가 성장했다면 포기 여부에 대한 판단을 요구하기입니다.

먼저 "너는 포기하면 안 돼"라고 부모가 요구할 수 있습니다. 아인슈타인의 어머니처럼 물러서지 말아야 합니다. 단, 강압은 곤란하죠. 그래서 어렵습니다. 왜 그래야 하는지 설명한 후 포기를 못하게 해야 합니다. 가령 이렇게 말할 수 있겠죠.

"너, 이건 끝까지 하기로 약속했잖아?"

"이건 포기하면 안 돼. 다시 용기를 내봐."

모두 바이올린을 가르칠 필요는 없겠죠. 또 아이를 억압하자는 것도 아닙니다. 아이와 끝까지 하기로 합의했고 또 아이에게 정말 중요한 것이라고 판단되면, 포기를 허락해서는 안 될 겁니다. 단호해야 합니다. 영어 공부, 긴 소설 읽기, 수영, 피아노, 블록 쌓기 등 무엇이든 좋습니다. 아이들은 끈기를 갖고 끝까지 포기하지 않고 어떤 일을 끝내는 경험을 반드시 해봐야 합니다. 그래야 자신감이 생기고 성취감이 솟아납니다. 마지노선을 정하고 포기를 불허하는 단호한 부모의 말과 행동이 꼭 필요합니다.

하지만 아이가 초등학교 고학년만 되어도 포기 금지는 통하지 않습니다. 판단을 맡기는 수밖에 없습니다. 가령 이렇게 물어볼 수 있습니다.

"이건 포기해도 될까? 아닐까? 네가 스스로 판단해봐."

"포기하면 기분이 좋아질까? 나빠질까?"

"점수가 안 좋아도 된다. 포기만 안 하면 위너야. 안 그럴까?"

인류 역사상 1등 천재인 아인슈타인이 성공의 비밀을 밝혔습니다.

"나는 머리가 그렇게 좋은 게 아닙니다. 나는 문제들을 더 오래 생각했을 뿐이에요."

1등의 비결은 오랫동안 생각하며 버티는 힘인 것 같습니다. 가치 있는 것을 골라서 포기하지 않는 자세가 학교 성적을 넘어서 인생의 성적까지도 결정하는 것이겠죠. 타당한 이유가 있다면 포기하고, 아니면 절대 포기하지 않는 정신을 길러주는 게 꼭 필요하겠습니다. 포기가 버릇이면 절대 1등이나 100점을 꿈꿀 수 없을 테니까요.

끝으로 포기가 습관인 아이들의 핑곗거리에 대해서 말해보겠습니다. 아이들은 공부가 힘들어서 포기합니다. 그런 아이들은 자기는 공부 체질이 아니라고 판단합니다. 마치 공부를 좋아하는 체질이 있는 것처럼 전제를 하죠.

그런데 이런 생각에 일침을 가하는 영상이 유튜브 채널 '스터디 코드'에 있습니다. '공부 의지는 어디서 오는가?' 영상에서 강사분은 힘주어서 확언합니다. 공부가 재미있어서 하는 아이는 세상에 없다고요. 또 강조합니다. 공부는 원래 힘든 거라고요. 성적 최상위권 학생들도 다들 공부가 싫고 힘듭니다. 공부가 힘들고 싫은 것이라면 그냥 참아야 하는 것입니다. 이 사실을 아이에게 잘 설명해주면 좋을 겁니다.

"공부가 힘들지? 그런데 원래 그런 거야. 수능 만점을 받은 아이들도 공부가 힘들고 싫어. 그냥 참고 버티는 거야. 공부가 힘들다고 포기하지 마. 원래 힘들고 싫은 게 공부야."

좋아하는 아이돌을 롤 모델로

"얼마나 노력했을지 상상해봐"

부모들은 대개 비슷한 경험을 하게 됩니다. 저희 아이는 어릴 때 아인슈타인을 롤 모델로 택했습니다. 천재는 아니어도 훌륭한 과학자가 되겠구나 기대하게 되더군요. 조금 있다가는 나폴레옹처럼 살겠다고 했습니다. 강한 의지를 배우겠구나 싶어서 기뻤어요. 그런데 중학교에 올라가니 롤 모델이 없다고 했습니다. 왜 누군가를 본받으며 살아야 하나 납득이 안 된다고도 말하더군요. 대신 가수나 축구 선수가 좋다고 했습니다. 롤 모델을 버리고 아이돌이나 스타를 택한 것입니다.

공부하는 아이들에게 롤 모델은 필요합니다. 부모 세대는 김구, 에디슨, 간디 등 역사적 인물이 롤 모델이었지만 요즘은 위인의 인기가 예전만 못한 것 같습니다. 요새 아이들은 대중 스타를 좋아합니다. 특히 가수나 스포츠 선수의 인기가 높죠.

아이들이 스타를 좋아하고 일체감을 느낀다는 것은 중요한 포인트입니다. 스타를 매개로 하면 자녀에게 공부 동기를 부여할 수 있다는 뜻입니다. 먼저 아이돌이 쏟았을 노력을 상상하게 만들면 도움이 됩니다.

"연습생이 성공한 아이돌이 될 확률은 0.1%라고 해. 한 명이 성공하면 999명이 좌절한다는 이야기야. TV에 나온 저 스타들은 얼마나 노력을 했을까 상상해봐."

"저 친구는 연습생 때 열다섯 살이었는데 3년간 매일 15시간씩 연습했대."

가수로 성공한다는 것은 쉬운 일이 절대 아닙니다. TV에서 보면 화려하지만, 흘린 땀을 모았다면 수영해도 될 만큼 엄청난 노력을 했을 겁니다. 그 사실을 이야기해주면 무기력한 아이들이 자극받을 수 있다고 생각합니다.

가수 지망생들은 자기 통제력도 굉장히 강합니다. 이 점에서는 대학 입시나 취업 시험을 준비하는 학생보다 훨씬 우월할 수도 있어요.

"연습생 기간은 보통 5년이야. 멀리 보면서 오늘을 참는 거지."

"저 아이들은 꿈을 이루기 위해서 많은 것을 포기해."

"멋있지 않아? 너도 멋있어져야지. 꿈을 위해 모든 걸 다 쏟아야 하지 않을까?"

아이들은 대체로 반발할 겁니다. "나도 꿈을 위해 포기하는 거 많거든요"라고 반격할 수도 있겠고 "나는 성공하고 싶지 않아요"라고 자포자기 선언으로 자신을 보호할 수도 있어요. 그러면 "네가 아이돌 연습생보다 못하다는 게 아니라~"로 말을 시작해 달래주면 될 겁니다.

아이돌이 있고 또 우리 자녀가 아이돌을 좋아한다는 사실은 다행입니다. 스타를 매개로 아이와 대화할 수 있으니까요. 저희는 아이에게 축구 선수 리오넬 메시에 대해서 말해준 적이 있습니다.

"축구 선수 메시는 키가 작고 몸이 약해서 어릴 때 고민이 굉장히 컸단다. 노력을 통해 약점을 극복하고 최고의 선수가 될 수 있었어. 친구들이 놀러 가자고 해도 오직 축구 연습만 했다고 하더라. 메시랑 똑같이 살아야 하는 건 아니지만, 꿈을 소중히 여기는 건 배우면 좋을 것 같다."

사실 부모의 말이라는 게 '기승전 공부'니까 거부감이 들었겠죠. 하지만 좋아하는 축구 선수를 매개로 대화해서인지 격하게 반발하지는 않더군요.

아이가 좋아하는 스타가 누구인지 알아내서 인터뷰 기사를 찾아보세요. 어떤 어려움을 어떻게 극복했는지 알게 되었다면 놓치지 마시고요. 배울 점을 찾아서 자녀에게 슬쩍 들려주면 강력한 동기 부여가 될 수 있습니다.

2017학년도 수능 만점자 이영래 씨의 경험담도 재미있습니다. 걸그룹 소속의 한 소녀 스타가 수능 만점에 큰 기여를 했다고 말해서 한동안 회자됐었죠. 공부 스트레스가 심할 시기에 소녀 스타의 공연 장면을 보면서 기운을 차렸다고 합니다. 우리 아이들도 자신의 스타 덕분에 힘든 시간을 견디고 있을 겁니다. 스타를 이용한 동기 부여는 부모와 자녀의 상호 이해도도 높일 테니 여러모로 좋을 것 같네요.

극복의 용기를 심어주려면

"실패를 반가워해라"

100점 맞을 줄 알았는데 70점이라면 아이는 슬플 겁니다. 좌절감을 뼈저리게 느낄 것입니다. 이럴 때 부모는 몇 배 더 아픕니다. 지켜보는 게 마음 아프고, 아이를 돕지 못해서 마음 쓰리고, 아이가 앞으로도 수많은 좌절을 겪게 될 것 같아서 마음이 어두워집니다.

그런데 좌절과 실패는 인간의 운명입니다. 실패를 겪지 않은 사람은 단 한 명도 없습니다. 좌절의 쓴맛을 모르면 살았다고 할 수도 없어요. 살다 보면 승리도 하지만 실패도 겪게 되어 있습니다. 거부할 수 없는 삶의 이치입니다.

그러니 좌절을 겪은 아이가 아파해도 부모는 좀 차가워질 필요가 있습니다. 부둥켜안고 함께 우는 것은 잠시만 하고 다시 거리를 둬야 하는 것이죠.

아이가 실패의 쓴맛을 봤다면 위로를 해야겠죠. 그리고 기억할 것이 또 있어요. '실패 축하 멘트'를 빼먹지 말아야 합니다. 실패하고 좌절한 게 아주 좋은 일이라고 말해주는 것이죠. 예를 들어 이런 반응이 있습니다.

"(즐거운 톤으로) 오늘은 또 뭘 틀렸나 찾아볼까요?"

"걱정 마. 틀려봐야 성적이 올라가."

"틀렸구나. 축하해."

이런 말을 하면 아이가 어리둥절할 것입니다. 틀렸는데도 축하한다고요? 의아해하는 아이에게 설명해주면 됩니다. 실패해야 성장하기 때문에, 실패는 축하할 일이라고 알려주는 것입니다.

《신기한 스쿨버스》라는 책에서 프리즐 선생님도 비슷한 말을 학생들에게 자주 했어요.

"실수를 하세요. 엉망이 되어 보세요!"

실수를 해도 괜찮은 겁니다. 오히려 실수는 권장할 만한 일인 거죠. 실패를 겪은 사람이 성공할 수 있으니까요. 이런 이야기를 듣는 아이는 행복해져요. 자신감도 넘치게 되고요.

선생님이나 부모님의 실패 축하 멘트는 무엇보다 '성장 마인드셋'을 기릅니다. 실패를 딛고 내가 성장할 수 있다는 믿음을 갖게 하는 것입니다. 또 마음의 내구성도 높입니다. 한두 번 틀려도 스스로 아무렇지 않다고 믿게 되면, 내 마음은 훨씬 튼튼해집니다.

"실패를 두려워 마라"는 말을 들으면 실패가 괜히 두려워집니다. "실패를 반가워해라"가 낫습니다. 훨씬 능동적인 느낌입니다. 희망 넘치는 뉘앙스이니까요.

초등학교나 중학교 저학년 때 공부를 잘했지만 점점 무너지는 아이들이 적지 않습니다. 원인 진단은 여러 가지가 가능한데 가장 흔한 것이 독서 부족입니다. 어릴 때부터 책을 많이 읽지 않은 아이는 이해력이 부족하고, 그 결과로 고학년 학습 내용을 따라갈 수 없다는 논리입니다. 틀린 말이 아닙니다. 어릴 때부터 독서를 많이 하는 것은 중요합니다. 그런데 더 중요한 게 있습니다. 실패를 이겨내는 강한 마음이 필요합니다.

똑똑하고 성실한 아이도 중학교에 올라가면 좌절을 한두 번 겪습니다. 쓰디쓴 실패와 패배의 맛을 보게 되는 것이죠. 이 아이들에게 필요한 것은 용기입니다. 다시 도전할 수 있는 용기 말입니다. 그 용기를 갖기 위해서는 믿음이 있어야 합니다. 실패는 누구나 겪는 것이고, 실패를 겪은 후에 성공에 도달하게 된다는 확신이 필요한 것이죠. 달리 말하면 실패를 반가워할 수 있어야 합니다. 시험 채점을 한 후에 이렇게 혼잣말하는 아이가 정말로 강합니다.

"이 문제도 틀렸구나. 생각보다 많이 틀렸네. 하지만 안 틀리는 사람은 없어. 성공은 실패 후에 오잖아. 지금 실패한 것이 오히려 다행이야."

실패를 담담히 받아들이는 아이로 길러야 합니다. 그걸 위해서는 부모가 일찍부터 반복 학습시키는 노력이 필요합니다. 실패를 반가워하라고요. 패배를 겪어야 승리할 수 있다고요.

이렇게 말해주면 아이에게 실패 극복의 용기가 생겨날 것 같습니다.

"사람은 돌멩이가 아냐. 높은 데서 떨어져서 땅속에 박히는 돌덩어리가 아냐. 사람은 고무공이야. 실패해도 다시 튀어 오른다. 너는 돌멩이가 아니라 탄력 넘치는 고무공이다. 반드시 다시 올라갈 거야."

슬럼프를 이겨내게 만드는

부모 말투

"공부를 그렇게 열심히 했으니, 지치는 게 당연해."

"그동안 고생했다. 그런데 너는 더 잘할 수 있어."

"걱정 마. 틀려봐야 성적이 올라가."

"너는 앞으로 더 똑똑해질 거야."

"지적 능력은 근육처럼 키울 수 있어."

"원하는 대학에 입학해서 친구를 사귀고 여행도 다니는 상상을 해봐."

"실패하지 않으면 성공할 수 없어."

"실패하는 사람은 대부분 성공 직전에 포기한다고 하더라.
딱 한 번만 더 도전해보자."

"슬럼프에 빠졌다면 너도 도약 직전이야. 슬럼프 온 거 축하해. 힘내."

"너는 이렇게 하니까 더 잘하더라."

"점수가 안 좋아도 된다. 포기만 안 하면 위너야."

시험을 앞둔 아이에게 말해주세요

시험을 앞두고 있는데 별로 공부를 하지 않아 '벼락치기'를 해야 한다고 가정해보죠. 벼락치기니까 시간을 아껴서 중요도가 높은 내용에 집중해야 합니다. 학습 내용 중에서 중요한 것과 아닌 것을 적극적으로 구별해내야 합니다. 이런 중요도 구별 전략은 벼락치기 공부를 하는 초중고생뿐 아니라 기간 대비 효율을 높여야 하는 여러 시험에 임하는 응시자에게도 똑같이 필요합니다.

효율적인 벼락치기 공부법

"중요한 것을 찾아내"

댐을 터뜨리고 밀려오는 거친 물살에 휩쓸리는 기분이 아닐까요. 아이들이 해야 할 공부의 양이 방대하고 진도도 빠릅니다. 잘못하면 공부의 급류에 휩쓸리게 됩니다. 정신을 모으고 효율적인 공부법을 찾아내야 합니다. 저희 부부는 아이에게 아래와 같이 자주 물었습니다. 다른 부모들도 많이 하는 질문이니까 독창적인 것은 아닙니다.

"이 책에서 가장 중요한 내용이 뭘까?"
"이 단원에서 중요하지 않은 내용은 뭐라고 생각하니?"
"선생님이 어떤 것을 강조하셨지?"

저희가 아이를 교육하면서 실수가 많았지만 위 질문들은 괜찮았던 것 같습니다. 무작정 우직하게 공부를 열심히 해서는 비효율적입니다. 중요한 내용을 찾아내는 안목이 있으면 공부의 급류에서 래프팅하듯이 편하게 공부할 수 있어요. 중요하지 않은 것, 조금 중요한 것, 아주 중요한 것 등을 구별하는 훈련이 꼭 필요합니다.

스물여섯 살에 9개월 공부해서 사법고시에 합격했다는 이윤규 변호사가 유튜브에서 했던 조언을 봐도 그래요. 그에 따르면 국가시험은 100점 만점에 75점 정도면 안전한 합격입니다. 25점 정도는 포기해도 되는 겁니다. 그런데 어떤 사람들은 100점을 맞으려고 노력하고 심지어 200점이 목표인 양 무리하게 노력하는 사람도 있다는군요. 그 두꺼운 법률 서적의 모든 내용을 빠짐없이 공부하겠다는 의지를 갖는 건 비효율적입니다. 이윤규 변호사는 중요한 내용과 덜 중요한 내용을 구분해서 중요한 것에 더 힘을 쏟아야 한다고 강조합니다.

구체적 방법도 알려주더군요. 기출 문제를 분석해서 1년마다 나오는 문제, 2년에 한 번 나오는 문제, 3년에 한 번 나오는 문제 등을 나눠서 정리하고, 자주 출제되는 내용에 집중해야 한다는 결론입니다. 맞는 말인 것 같아요. 차별 대우가 필요합니다. 출제 가능성이 낮은 주제와 높은 주제를 구별해야지 그렇지 않고 동등하게 시간과 에너지를 쏟으면 안 되는 것입니다.

거의 유사한 전략의 필요성을 강조하는 '공부의 신'이 있더군요. 서울대 등 여러 대학에 동시 합격했던 안소린 씨의 유튜브 채널 '소린TV'를 보면, 벼락치기 공부법을 알려주는 영상이 있습니다. 바로 '7년간 유용하게 써먹은 최소 노력 최대 결과 암기법' 영상입니다. 핵심은 교과 내용별 중요도를 판별해야 한다는 것입니다.

시험을 앞두고 있는데 별로 공부를 하지 않아 '벼락치기'를 해야 한다고 가정해보죠. 벼락치기니까 시간을 아껴서 중요도가 높은 내용에 집중해야 합니다. 먼저 할 일이 있습니다. 시험에 100% 나올 내용, 시험에 50~80%가량 나올 내용, 출제 확률이 낮은 내용을 구별하는 게 선결 과제입니다. 안소린 씨에 따르면 중요도가 높은 내용을 알아내는 방법은 간단합니다. 먼저 선생님이 강조한 것이 중요합니다. 또 필기한 노트와 참고서를 봐도 중요도 표시가 되어 있습니다.

결론은 분명합니다. 벼락치기를 잘하려면 능동적이어야 하는 것입니다. 학습 내용 중에서 중요한 것과 아닌 것을 적극적으로 구별해야 하는 것입니다. 이런 중요도 구별 전략은 벼락치기 공부를 하는 학생뿐 아니라 기간 대비 효율을 높여야 하는 변호사 시험, 공무원 시험 등에 임하는 여러 시험 응시자에게도 똑같이 필요합니다.

아이에게는 이렇게 말해주면 어떨까요.

"시험공부를 조금 했는데 점수가 높게 나오면 얼마나 좋을까. 수업 시간에 집중해. 선생님이 어떤 게 중요하다고 말씀하시는지 메모해 둬. 시험 준비할 때 그걸 놓치지 말고 공부하면 돼. 중요한 게 뭔지 알아야 고생을 덜 하고도 높은 점수를 받을 수 있어."

학습 내용의 중요도를 능동적으로 분석하는 학생은 시험 점수가 실제로 높습니다. 외국의 실제 연구 사례도 있습니다. 심리학자 패트

리시아 첸Patricia Chen 박사(미국 스탠퍼드 대학교)가 2017년에 발표한 논문[1]에서 주장했습니다. 공부하기 전에 15분 정도 아래와 같은 생각을 하면 성적이 향상된다고 합니다.

"이번 시험에는 뭐가 나올까?"
"어떻게 공부해야 더 좋은 점수를 받을까?"

시험에 출제될 확률이 높은 내용은 중요도가 상위에 속합니다. 중요도가 높은 항목에 선택적으로 집중해야 더 좋은 점수를 받을 수 있습니다. 공부 시작 전에 그런 분석과 전략 수립 시간을 갖는 학생들의 점수는 30% 정도 높았다고 첸 박사가 보고했습니다. 당연한 말이지만 무작정 공부에 뛰어드는 대학생들은 점수가 낮다는 이야기입니다. "나는 오래 열심히 공부했는데도 점수가 낮다"며 낙담하는 학생들이 기억해야 할 사실입니다.

미국의 대학생이든 한국의 중고생이든 점수 잘 받으려면 같은 노력을 해야 합니다. 학습 내용의 중요도를 분석해서 그에 맞게 학습 전략을 짜야 하는 것이죠. 아이에게는 이렇게 말해주면 될 것 같네요.

"공부한다는 선 뷔페 식사와 비슷해. 뷔페에서 모든 음식을 다 먹을 순 없어. 영양가 높고 비싼 음식을 찾아내 선택해야 하는 거지. 공부할 때도 모든 내용을 똑같이 공부할 수는 없어. 중요한 것에 더 집중해야 하는 거야."

의외로 시험을 잘 보게 하는 말

"100점 못 받아도 괜찮아"

공부를 잘하는 사람은 작업 기억력working memory이 높습니다. 작업 기억력은 어떤 작업에 필요한 정보를 기억하는 능력입니다. 단순한 예가 있습니다. 다이얼을 누르는 동안 전화번호를 기억하는 능력이 바로 작업 기억력입니다. 어떤 사람은 10자리를 외운 채 단번에 버튼을 누를 수 있지만, 번호를 두세 번 다시 봐야 하는 사람도 있습니다. 사람마다 작업 기억력의 크기가 다른 것이죠. 기억 장치인 램의 크기가 컴퓨터마다 다르듯이 말입니다.

암산은 숫자와 식을 기억해야 하는데 작업 기억력이 약하면 불편합니다. 시험을 볼 때도 힘들어지죠. 문제의 뒷부분을 읽을 때쯤에 문제 앞부분을 잊어버린다면 성적이 좋을 리가 없습니다.

작업 기억력을 강화하는 훈련법을 8장에서 소개했는데요, 여기서는 시험 직전에 작업 기억력을 늘리는 방법을 소개합니다. 시험을 치는 자녀의 작업 기억력을 향상시키는 방법은 아주 간단합니다. 한 마디 말이면 됩니다.

"공부는 어려운 거야. 시험을 못 볼 수도 있으니까 너무 긴장하지 마."

긴장을 줄여주고 불안을 해소해주면 작업 기억력이 향상되고 그에 따라 성적도 오른다는 얘기인데, 이것을 과학적으로 확인한 연구가 있습니다. 프랑스의 심리학자 페데리크 오탱Frédérique Autin 박사(푸아티에 대학교)가 2012년 발표한 논문[2]이 해외 언론의 주목을 받았습니다.

연구팀은 학생들에게 어려운 시험 문제를 보여줬습니다. 학생들은 바짝 얼었을 겁니다. 연구팀은 학생들을 둘로 나눠서 A 그룹에게 문제가 어렵지만 좀 틀려도 괜찮다고 안심시켰고, B 그룹에게는 그런 말을 하지 않았습니다.

학생들의 기억력 테스트를 진행해보니 A 그룹의 작업 기억력 점수가 높게 나왔습니다. 불안을 제거하니 작업 기억력이 더 높아진 것입니다. 시험 성적도 마찬가지였습니다. 틀려도 된다는 말을 들은 그룹의 시험 성적이 더 높았던 것입니다.

연구를 이끈 오탱 박사는 공부가 어렵다는 걸 인정해줘야 한다고 강조했습니다. 그래야 학생들의 실패에 대한 두려움이 줄어들고 작업 기억력과 시험 점수가 높아집니다. 시험을 앞둔 아이에게 해줄 수 있는 말은 많습니다.

"100점은 원래 어려운 거야. 만점 못 받아도 괜찮아."

"시험이 쉬운 사람이 어디 있냐? 모두 어려워해."

"시험이 다가오면 너나없이 긴장돼. 너만 긴장하는 거 아냐. 걱정 마."

물론 "시험을 못 봐도 좋다"는 이야기가 아닙니다. "시험 점수 걱정은 접어두고 편하게 집중하라"는 의미입니다. 달리 말해서 아이를 절박하게 만들지 말아야 성적이 잘 나온다는 이야기가 됩니다.

의견이 다른 부모님들이 계실 거예요. "할 수 있다"거나 "꼭 해야 한다"와 같이 절박한 마음을 가져야 이롭다고 생각할 수 있는 것이죠. 하지만 시험에 임박했을 때는 여유가 더 필요한 것인지도 모릅니다. 특히 중요한 시험장에서는 절박한 마음이 도움이 안 된다는 주장이 있어 소개합니다.

2016학년도 수능 만점자인 이경훈 씨가 유튜브에서 수능 경험담을 이야기했습니다. '서울대 경제학부에 간 수능 만점자가 말하는 공부의 절박함'에서 언급한 내용입니다. 요컨대 그는 시험장에서 긴장하지 않으려고 애를 썼다고 합니다. 모의고사를 볼 때는 "시험을 망치면 수능을 잘 보면 된다"고 자신을 안심시켰다네요. 또 수능 시험장에 갈 때는 "수능을 못 보면 수시로 대학 가면 되지"라고 말하며 여유를 가지려고 노력했습니다. 물론 실제로는 불안했다고 합니다. 이번 시험을 못 보면 큰일 난다는 두려움이 마음 깊은 곳에 자리 잡고 있었던 것이죠. 하지만 이번 시험에 실패해도 또 길이 있다는 생각을 반복하니까, 안심도 되고 시험 성적도 더 잘 나왔다고 이경훈 씨는 회고했습니다. 절박하거나 간절하지 않은 마음이, 적어도 시험장에서는 이롭다는 결론이 나옵니다.

부모의 역할은 이중적입니다. 자녀가 느슨해지면 조여야 합니다. 절실하게 공부하라고 야단치고 자극을 주지 않으면 안 됩니다. 그런데 아이가 지나치게 다급하고 두려워하면 반대가 돼야 합니다. 그럴 때는 아이 마음에 여유 공간을 만들어 주는 게 부모의 역할인 것 같습니다. 특히 시험을 보는 날에는 안심시키는 게 더 필요합니다. "100점에 목매지 마라. 원래 시험은 어려운 것이다. 틀릴 수도 있다"라고 말해주면, 아이 마음이 놓이고 시험 성적도 향상될 수 있습니다.

자기 유능감이 약한 아이에게

"남들이 하는 건 너도 할 수 있어"

시험이 다가옵니다. 아이는 불안해하는 게 역력합니다. 시험을 못 볼 것 같아서 두렵다고 털어놓기도 합니다. 아이가 자기 실력에 불안감을 느낄 때 부모는 어떻게 대응해야 할까요.

"너는 할 수 있어! 자신감을 가져!"도 괜찮습니다. 대부분의 부모가 하는 말입니다. 효과가 없지는 않아요. 그런데 사실 근거가 없습니다. 아이 입장에서는 내가 잘할 수 있는 이유를 모른 채 무작정 그렇게 믿어야 합니다.

"엄마 아빠는 네가 잘할 거라고 믿는다"라고 해도 아이의 불안을 진정시킬 수 있습니다. 그러나 역시 낙관적 판단의 근거가 튼튼하지 못합니다. 엄마 아빠가 믿는 대로 일이 이루어지지 않는다는 건 초등학교 고학년만 되어도 압니다.

아이의 공부 불안을 줄여주는 근거 있는 응원을 찾아내야 합니다.

아일랜드의 부모 교육 전문가 존 새리John Sharry 박사의 조언[3]이 도움이 됩니다. 그는 아이가 과거에 성공했던 기억을 되살리는 게 효과적이라고 설명합니다. "시험을 못 볼 것 같다"면서 불안해하는 아이와 이렇게 대화하면 됩니다.

"엄마, 나 시험 못 볼 것 같아요."

"정말? 지난번에는 잘했잖아. 어떻게 했었지?"

"내가 뭘 잘했어요?"

"지난번 시험 치기 전에도 못 볼 것 같다고 걱정했어. 그런데 점수가 80점이었잖아."

"아하! 맞다!"

아주 단순한 것 같지만 중요한 지적입니다. 아이가 잘했던 경험을 상기시켜주면, 자기 유능감(자기 효능감)이 높아진다는 게 전문가들의 설명입니다. 자기 유능감은 자신이 유능하다는 느낌입니다. 자기 유능감이 강해야 어려움을 이겨내고 높은 성과를 얻을 수 있습니다. 그런데 정말 내가 유능한지 어떻게 알까요. 과거의 성공이 근거가 됩니다. 따라서 "너 지난번에 잘했어"라고 말해주면 아이는 근거 있게 자신의 유능함을 믿게 될 것입니다.

자녀에게 유능감을 심어주려면 부모가 할 일이 있습니다. 평소 아이의 생활을 유심히 관찰해야 합니다. 아이가 잘한 것이 무엇인지, 어떤 어려움을 어떻게 극복했는지 애정을 갖고 살펴보고 기억해야 하

아이가 잘했던 경험을 상기시켜주면,
자기 유능감이 높아집니다.
자기 유능감이 강해야 어려움을 이겨내고
높은 성과를 얻을 수 있습니다.

는 것입니다. 그런 부모에게 데이터가 쌓입니다. 응원의 근거가 생기는 것이죠.

이번 시험을 잘 볼 수 있을까 염려하는 아이에게 말해주세요.

"자꾸 잊어버리네. 기억 안 나? 지난번에 잘했잖아!"

"걱정 마. 이번에도 잘할 거야! 다음에는 더 잘할 거고! 넌 계속 발전할 거야."

아이의 공부 불안을 줄여주는 또 다른 방법이 있습니다. 친구들과 '긍정적으로' 비교하는 겁니다. 흔한 비교처럼 "친구들은 하는데 너는 왜 못하니?"가 아닙니다. 반대로 말하는 겁니다. "친구들이 한다면 너는 왜 못하겠니?"가 되는 것이죠.

영국 심리학자 데니스 렐로조-호웰Dennis Relojo-Howell(심리학 매체 Psychreg 창업자)은 학생들의 유능감을 키워주려면 옆의 친구들을 지켜보게 하라고 조언했습니다[4]. 그리고 친구가 어떤 일을 해내면 이렇게 말해줍니다.

"걔들이 할 수 있다면, 너도 할 수 있어."

자신의 능력이 부족하다고 생각하는 아이들에게 도움이 되는 응원입니다. 너는 적어도 친구들만큼 유능하고 친구들처럼 해낼 수 있으니 자신감을 가지라는 뜻입니다.

친구들을 잘 관찰하라고 일러줘도 좋겠습니다. 어떤 친구가 어떻게 공부해서 좋은 성적을 얻었는지 살펴보라고 하는 겁니다. 또 물어볼 수도 있고요. 친구의 성공이 나의 유능감을 높이는 밑거름이 될 수 있습니다.

아이들에게 이런 이야기를 들려주면 좋을 것 같아요.

"쉰 살 정도 된 아저씨 이야기야. 장승수라는 사람이야. 고등학교 때 공부를 무척이나 멀리하는 대신, 술 마시고 당구 치고 놀러 다니면서 싸움질을 하면서 보냈어. 대학은 꿈도 못 꿨지. 졸업 후 가난한 가족들의 생계를 책임져야 했던 그 아저씨는 공사판에서 막노동을 하면서 살게 돼. 그러다 어느 날 남들처럼 공부도 하고 대학도 가고 싶다는 생각을 하게 되었어. 막노동을 하며 공부를 했지. 정말 열심히 말이야. 5년이 지나 그 아저씨는 서울대 법대에 합격했어. 대성공이지. 근데 성공은 계속 이어져. 《공부가 가장 쉬웠어요》라는 책을 내고 엄청나게 잘 팔려서 돈도 많이 벌었어. 또 시험에 합격해서 변호사가 되었지. IQ 113이라는 그 아저씨의 책 첫 장에는 이런 글귀가 있단다. '남이 하는 일이라면 무엇이든 나도 할 수 있다.' 너도 그래. 남들이 하는 일이라면 너도 할 수 있어. 거뜬히 말이야."

다음 시험을 잘 보게 하려면

"이 문제 틀린 이유가 뭘까?"

이번 시험을 망쳤다고 끝은 아닙니다. 다음 시험 점수가 이번보다 좋으면 됩니다. 많은 '공신'들이 성적 향상의 비법으로 꼽는 것이 '오답 노트'입니다. 틀린 문제들을 면밀히 살펴보면 실수의 패턴이 보이고 자기 단점의 민낯도 드러나게 되니까 오답 노트는 좋은 처방입니다.

그런데 오답 노트를 만드는 게 힘든 일입니다. 만만찮은 노동이어서 아이들은 꺼립니다. 사실 오답 노트를 꼼꼼히 만들거나 틀린 문제를 세심히 분석하는 아이들은 소수입니다.

억지로 시킬 수야 없죠. 대안을 찾아야죠. 어릴 때부터 '미끼'를 던져서 훈련시키는 방법은 어떨까요. 서희 부부가 잘 활용했고 주변 부모들의 반응도 괜찮았던 방법이 있습니다. 아이에게 틀린 이유를 묻는 겁니다.

"이 문제를 틀린 이유가 뭐야? 알아내면 상을 줄게."

다양한 답이 나올 겁니다. “중요 개념을 몰라서요” “문제를 잘못 읽었기 때문이에요” “이 부분은 공부를 안 했어요” “시간 배분을 잘못 했어요” “공부는 했는데 이해가 안 됐어요” 등등 많은 이유를 말할 것입니다.

성실하게 답변하는 아이에게 상을 주세요. 용돈도 좋고 컴퓨터 게임 시간을 늘리는 것도 괜찮을 것 같아요. 오답의 원인을 분석하면 다음 시험 점수가 높아질 확률이 커집니다. 같은 실수를 하지 않을 것이기 때문입니다.

오답 분석의 장기적인 이점도 있습니다. 아이는 자신을 객관화하는 능력을 갖게 됩니다. 오답의 원인을 분석하면서 아이는 자신의 성향을 알게 됩니다. 자기가 서두른다거나 침착하다거나 아니면 분석력이 약하다거나 집중력이 높다는 걸 확인하게 되는 것이죠.

오답 분석을 하는 아이는 자신의 실수에 특정한 패턴이 있다는 것도 발견할 것입니다. ‘이런 종류의 문제에서는 꼭 이런 실수를 하더라’라고 깨닫는 것이죠. 객관적 시선으로 자신을 돌아볼 수 있다면 장기적인 성장의 길이 활짝 열릴 겁니다.

오답 분석의 반대도 좋겠습니다. 정답의 원인을 분석하게 하는 겁니다. 이렇게 질문하면 효과적일 겁니다.

“이건 많이들 틀린 문제야. 그런데 어떻게 맞혔니?”

“아주 어려운데도 네가 맞힌 문제는 뭐야? 어떻게 맞혔는지 설명해줄래?”

수업 시간에 들어 알고 있다거나, 인강 선생님이 강조했다거나, 아니면 어느 책에서 읽어서 기억했다고 대답할 겁니다. 자신의 공부 방법 중에서 어떤 것이 주효했는지 스스로 확인하게 되겠죠. 자신의 강점도 알게 될 것입니다.

아울러 아이의 마음이 기쁠 것입니다. 자신의 실수나 잘못에 대해서 이야기하는 건 스트레스가 큰 일입니다. 반대로 자기의 성공이나 장점에 대한 진술은 마음을 기쁘게 합니다. 자부심도 키워주고요. 기뻤던 기억이나 자부심 상승은 모두 학습 역량을 높이는 심리적 바탕이 됩니다. 오답 원인 분석이 조금 따끔한 '자기반성'이라면 정답 원인 분석은 행복한 '자기 칭찬'입니다. 둘 다 성적 향상의 밑거름 역할을 합니다.

그런데 실수 문제도 빠트릴 수 없습니다. 오답 중에서 몰랐던 것은 그래도 괜찮지만 명백한 실수는 뼈아픕니다. 시험 점수를 높이려면 실수부터 없애는 게 필수입니다. 실수의 가장 큰 이유는 급한 마음입니다. 제한된 시간에 많이 풀겠다는 욕심을 내면 자연히 실수하게 된다는 데 학생이건 선생님이건 대부분이 동의합니다. 많이 맞히려고 서두르면 많이 틀립니다. 이것 또한 공부의 역설입니다. 높은 점수를 욕심내면 점수를 잃습니다.

유튜브 '소보 TV'의 '실수를 줄이는 방법'에 나온 조언이 괜찮습니다. 시험장에서 자신을 자주 돌아보라고 하더군요. 혹시 서두르고 있지 않는지 체크하라는 것이죠. 마음 자세도 바꾸는 게 좋습니다. 빨리 전부 풀려다가 실수하는 것보다는 아는 것만 확실히 풀겠다는 마음 자세를 가지면 더 이득이라는 것입니다. 맞는 말입니다. 아이에게 이렇게 말해주면 될 것 같네요.

"시험을 보면서 5문제를 푼 후 너 자신을 살펴봐. 서두르고 있는 건 아닌지 체크하는 거야. 마음이 급해졌으면 진정시킨 후 다시 시험으로 돌아가는 거야. 6번, 11번, 16번 문제를 풀 때마다 자신을 잠시 돌아보는 거야. 급히 달리지 말고 잠깐씩 브레이크를 걸어야 실수를 줄일 수 있어."

유튜브 '공부의 신 강성태' 채널은 실수에 대해 따끔한 일침을 놓습니다. '당신의 실수는 반드시 반복된다'는 영상에서 이렇게 단언하네요. 학생들은 같은 실수를 반복한다고 말입니다. 지난번 시험에서 했던 실수는 다음 시험에서 되풀이하고 저 멀리 수능에서도 반복할 수 있다는 이야기입니다.

이 경우 실수의 원인이 급한 마음이 아닙니다. 나의 성향 또는 나의 지적 특성이 실수의 원인이 됩니다. 가령 사람들은 비슷한 말실수를 평생 반복합니다. 비슷한 오해가 반복되어 비슷한 방식으로 인간관계가 어려워집니다. 컴퓨터 게임을 할 때에도 되풀이되는 실수 패턴이 있습니다. 시험 칠 때도 비슷한 유형의 실수를 거듭하게 됩니다. 서둘러서가 아니라 내 속의 어떤 성향이 실수의 반복을 낳습니다. 단순한 문제가 아닙니다. 어떻게 대처해야 할까요.

강성태 씨가 말하길 '공신'들은 실수 노트를 따로 만들어서 시험 직전에 꼭 본다고 합니다. 지난 시험에 실수했었다는 걸 뼈아프게 상기하면 이번 시험에서는 반복 가능성이 줄어든다는 설명입니다. 아이에게는 이렇게 말해주면 되겠네요.

"사람은 같은 실수를 반복해. 실수 노트를 만들면 어떨까. 네가 어떤 실수를 하는지 깨닫고 기억해야 실수 반복의 굴레에서 벗어날 수 있어."

요약하자면 시험에서 실수를 줄이기 위해서는 두 가지가 필요합니다. 먼저 서두르지 않는 느긋한 마음이 중요합니다. 그다음으로 자신이 반복하는 실수 패턴이 무엇인지 깨달아야 합니다. 마음을 느긋하게 먹고, 실수 패턴을 성찰하도록 아이를 도와주세요. 아이가 실수로 점수를 잃는 일을 줄일 수 있습니다.

엄마의 칭찬이 효과가 높다

"노력했으니 결과가 좋은 거야"

자기 유능감(자기 효능감)은 자기가 유능하다는 느낌입니다. '나에게는 능력이 있고, 나는 그 일을 할 수 있다'고 생각하면 자기 유능감이 있는 겁니다.

아이들의 자기 유능감에 영향을 끼치는 사람들은 많습니다. 선생님, 아빠, 엄마, 친구 등이 그렇습니다. 그런데 그중에서도 가장 영향력이 큰 사람은 바로 엄마입니다. 아이의 자기 유능감을 높이려면 엄마의 신뢰와 응원이 절실합니다.

유엔 이 램Yuen Yi Lam 교수(홍콩 폴리테크닉 대학교, 응용사회과학)가 2017년에 중학교 2학년 99명을 대상으로 연구를 했습니다[5].

아이들은 먼저 엄마, 아빠, 선생님으로부터 부정적 말을 들었습니다. 예를 들어서 "넌 잘할 수 없어" "이번 시험도 망했어"와 같은 말을 들었던 것입니다. 아이들이 받는 심리적 충격을 측정해봤더니 모두 비슷했습니다. 엄마건 아빠건 선생님이건 다 비슷한 수준으로 아이들을 좌절시킨 것입니다.

그런데 긍정적 응원의 효과는 사람마다 달랐습니다. 엄마가 가장 강했습니다. 연구팀은 엄마, 아빠, 선생님이 아이에게 긍정적인 응원을 하게 했습니다. "너는 정말 잘할 거야. 분명해"같이 힘을 주는 말이었습니다. 아이의 반응을 측정해보니 엄마의 응원이 가장 높은 효과를 냈다고 합니다. 아빠와 선생님의 응원도 분명히 힘이 되었지만, 엄마의 영향력에는 미치지 못했습니다. 엄마의 칭찬과 응원이 아이의 자신감을 가장 많이 높였습니다.

역시 아이에게 가장 소중한 사람은 엄마입니다. 그리고 엄마가 아이의 마음을 가장 뜨겁게 만들 수 있는 존재입니다. 엄마가 진심을 다해서 자주 칭찬해주면, 아이는 자기 유능감이 높아집니다.

"엄마는 믿는다. 우리 딸은 열심히 했으니 분명히 성적이 오를 거야."

하나 덧붙이고 싶은 게 있습니다. 어떤 엄마들은 아이의 유능감을 떨어뜨리는 말도 자주 합니다. '겸손'을 가르쳐야 한다는 문화적 강박 때문일까요. 우리 사회 엄마들은 아이가 시험을 잘 봤거나 하면 다른 학부모 앞에서 이렇게 말합니다. "운이 좋았어요." 아이가 듣는데도 그런 말을 아무렇지도 않게 합니다.

실력보다는 운이 좋았다는 뜻이죠. 이런 말은 아이의 유능감을 깎아내리는 것 같아요. 운이 좋다고 시험 성적을 잘 받기는 어렵습니다.

아이가 많은 노력을 했으니까 좋은 결과가 나온 거라고 봐야 합당합니다. 그러니 이렇게 고쳐 말하는 게 좋을 겁니다.

"저희 애가 운이 좋았어요. 물론 열심히 한 것도 분명 사실이고요."

또 아이와 단둘이 있다면 아이의 노력과 능력을 더 직접적으로 칭찬해주면 좋겠지요.

"아까는 사실을 말하지 않았어. 운이 좋았던 것만은 아냐. 너의 실력이야. 그동안 노력을 했으니까 결과가 좋은 거야. 훌륭하다!"

엄마는 아이를 칭찬하는 방법도 연구할 필요가 있는 것 같아요. 저희 생각으로는 아이가 많은 사람을 기쁘게 했다고 말해주는 게 유능감을 높이는 데 더욱 좋을 것 같아요. 가령 다음 두 가지의 칭찬을 비교해보세요.

1) "시험을 잘 봤네. 공부를 열심히 했구나. 잘했어."
2) "시험을 잘 봤네. 공부를 열심히 했구나. 네 덕분에 엄마가 행복해졌어. 아빠도 기뻐할 거야. 또 동생에게도 좋은 영향을 끼치는 거야. 잘했어."

저희는 가능하면 '2'처럼 칭찬하려고 노력했어요. 아이의 좋은 행동이 다른 사람을 기쁘게 한다고 알려주고 싶었던 것이죠. 아이와 가족들이 이어져 있다는 것도 말하고 싶었어요.

같은 이유에서 이런 칭찬도 했어요.

"이번 시험 성적이 좋으니까 네가 좋은 대학에 진학할 확률이 높아졌어. 더 행복하고, 더 성공할 가능성도 높아졌다."

현재와 미래가 연결되어 있으며, 현재의 성실함이 미래의 행복과 성공으로 이어진다고 말해주고 싶었습니다. 마음에 걸리는 게 없지는 않아요. 성적과 행복, 성적과 인생 성공이 마치 동일한 것인 양 말한 것이 조금 미안했지만, 알면서도 속물의 논리로 칭찬하고 말았습니다. 아이에게 항상 진실만 말할 수는 없는 게 우리 부모의 처지인 것 같아요.

시험을 잘 보게 만드는

부모 말투

"이 책에서 가장 중요한 내용이 뭘까? 중요한 게 뭔지 알아야 고생을 덜 하고도 높은 점수를 받을 수 있어."

"시험이 다가오면 너나없이 긴장돼. 너만 긴장하는 거 아냐. 걱정 마."

"100점에 목매지 마라. 원래 시험은 어려운 거야. 틀릴 수도 있어."

"친구들이 한다면 네가 왜 못하겠니?"

"지난번 시험 치기 전에도 못 볼 것 같다고 걱정했어. 근데 잘했잖아."

"걱정 마. 이번에도 잘할 거야! 다음에는 더 잘할 거고! 넌 계속 발전할 거야."

"엄마는 믿는다. 우리 딸은 열심히 했으니 분명히 성적이 오를 거야."

"이 문제를 틀린 이유가 뭘까? 생각해보자."

"사람은 같은 실수를 반복해. 실수 노트를 만들면 어떨까. 네가 어떤 실수를 하는지 알아야 같은 실수를 반복하지 않아."

유혹을
이기는 습관을
길러주세요

세상에는 두 종류의 사람이 있다고 자녀에게 이야기해주세요. 오늘 행복한 사람과 내일 행복한 사람입니다. 즉, 욕망을 당장 충족시키려는 사람과 욕망 충족을 미룰 수 있는 사람인 것이죠. 오늘 친구들과 놀고 싶은데 다음 주 시험을 위해 참는 사람이 의지가 강합니다. 반대로 오늘 놀고 싶은 욕구를 당장 충족시켜버리는 아이는 의지가 약합니다. 아이에게 결정해야 한다고 말해주세요.

자기 통제력을 키우려면

"내일은 더 행복할 거야"

충동적으로 행동하지 않고 미래의 이익을 위해 만족을 지연시키는 사람이 있습니다. 자기 통제력이 강한 사람입니다.

여기에 자기 통제력이 강한 아이와 IQ 높은 아이가 있다고 해보죠. 누가 공부를 잘하게 될까요? 자기 통제력이 높은 아이의 성적이 높을 확률이 높습니다. 자기 통제력이 성적에 미치는 영향은 무려 IQ의 두 배에 달한다고 합니다.

이것은 안젤라 더크워스Angela Duckworth 등 미국의 심리학자들이 2005년 발표한 유명한 논문[1]에서 주장한 내용입니다.

심리학자들은 학생들의 자기 통제력과 IQ를 미리 조사한 후 7개월 후 성적을 살펴보았습니다. 그 결과 IQ보다는 자기 통제력이 강한 아이가 더 좋은 성적을 거둔 것으로 나타났습니다. 성적을 결정하는 것은 IQ보다는 자기 통제력인 것입니다. 성적만이 아니었습니다.

자기 통제력이 강한 학생은 학교 출석 상황이 좋았고 숙제를 더 오래 했던 것으로 나타났습니다.

지능이 아니라 성격이 아이의 성적을 결정합니다. 자기 생각과 행동을 컨트롤하는 성격이면 학업 성취도가 높아요. 성적이 좋아질 가능성이 커지는 것이죠. 게다가 인생의 행복 수준도 높아집니다. IQ가 아니라 자기 통제력이 인생을 결정할 수도 있는 겁니다. 아이에게 자기 통제를 훈련시켜서 습관으로 만들어주는 게 부모의 의무 중 하나입니다.

자기 통제력이 강하다는 건 의지가 강하다는 뜻입니다. 자신의 욕구나 충동을 억제하는 의지력이 곧 자기 통제력입니다.

아이의 자기 통제력을 길러주려면 뭐라고 말해야 할까요. 흔히 하는 조언은 이런 것입니다.

"자신과의 싸움에서 승리해야 남을 이길 수 있다."

지금의 부모 세대가 어릴 때부터 들었던 격언입니다. 맞는 말이고 좋은 뜻을 담고 있어요. 그런데 약간 지루합니다. 마음에 와닿지도 않습니다. 일단 아이가 자기 통제력의 뜻을 정확히 이해해야 설득력이 높을 겁니다. 결국 '미루는' 능력이 자기 통제력의 핵심이란 걸 말하는 편이 낫습니다.

"기쁨을 미루는 습관을 가져라."

"즐거움을 오늘 누리지 말고, 나중으로 미뤄야 해. 이자가 붙어 더 커질 거야."

당연히 할 일을 미루라는 말은 아닙니다. 즐거움, 만족, 쾌감 등을 미룰 수 있어야 한다는 것입니다. 그 좋은 기분을 미루는 능력이 바로 의지력의 핵입니다.

세상에는 두 종류의 사람이 있다고 자녀에게 이야기해주면 될 것입니다. 오늘 행복한 사람과 내일 행복한 사람입니다. 즉, 욕망을 당장 충족시키려는 사람과 욕망 충족을 미룰 수 있는 사람인 것이죠. 오늘 친구들과 놀고 싶은데 다음 주 시험을 위해 참는 사람이 의지가 강합니다. 반대로 오늘 놀고 싶은 욕구를 당장 충족시켜버리는 아이는 의지가 약합니다.

아이에게 결정해야 한다고 말해주세요.

"너는 지금 즐거움을 느낄 거야? 아니면 나중으로 미룰 거야? 이것만 결정하면 된다. 후자를 선택하는 순간 의지력이 강해진다. 성적도 따라 오를 거야."

"사람 속에는 두 명의 내가 있다. 하나는 당장 만족하려고 하는 나. 미래는 어떻게 되든 오늘 놀고 즐기려고 하지. 다른 하나는 미래를 위해 오늘을 힘들게 보내는 나. 둘은 항상 마음속에서 싸우는데, 누가 이기냐에 따라 인생이 달라진다."

자신을 통제하고 기쁨을 나중으로 미루는 일은 굉장히 힘듭니다. 깊은 산속에서 수십 년 동안 수련한 사람도 해내기 어렵습니다. 그러나 되든 안 되든 지향해야 합니다. 어린아이라도 자기를 통제할 수 있는 미루기 기술을 포기할 수 없습니다. 높은 점수의 절대 비결이기 때문입니다.

저희 부부가 아이에게 해줬던 말들입니다.

"너 자신을 지배할 수 있으면, 이 세상을 지배할 수 있다."

"자신을 통제할 수 있는 사람이 가장 강하다."

"욕망, 열정, 두려움을 통제하는 사람이 자기 운명의 주인이 된다."

좀 더 현실적이고 구체적인 말도 해줬습니다.

"오늘 하루 참으면, 다음 주 시험 점수가 오르고 너는 기뻐할 거다. 참아볼 수 있겠니?"

"이번 여름 방학만 성실히 보내면, 너는 좋은 대학에 갈 수 있다. 아주 자랑스러울 거야. 그때까지 참고 견뎌보자."

저희 부부는 오늘의 즐거움을 포기하는 대신 얻게 될 미래의 행복을 상상하자고 제안했습니다. 아이가 마음으로 받아들였는지는 알 수 없어요. 오늘을 견디는 데 조금이라도 도움이 되기를 바랄 뿐입니다.

그런데 고백을 덧붙여야 하겠습니다. 욕망의 충족을 연기하라고 가르치면서 저희 부부가 마음 편했던 것은 아닙니다. 마음속에 갈등이 있었습니다. 만족을 연기하면 정말 행복이 올까 의심스러웠던 것입니다.

사실 '카르페 디엠Carpe Diem'이라는 경구처럼 오늘을 즐기는 것이 진정 행복한 삶입니다. 기쁨을 습관처럼 미루면, 행복도 영원히 멀어질 수 있고요. 이런 사실을 알면서도 아이에게 기쁨은 나중에 느끼라고 했던 건 어쩔 수 없는 선택이었습니다. 경쟁이 치열한 한국 사회에 사는 아이가 실력을 갖추지 않으면 안 된다고 생각했기 때문입니다. 그렇습니다. 저희 부부는 성적을 위해 오늘의 행복을 희생하도록 아이를 유도했던 것입니다.

아이에게 많이 미안하지만, 10년 전으로 돌아간다고 해도 "오늘을 만끽하며 살라"고 가르치지 못할 것 같습니다. 대신 변함없이 조언할 것입니다. "만족을 미래로 미루라"고 말입니다. 또 "오늘보다는 내일이 더 행복할 것"이라고 말해줄 겁니다. 물론 미래를 기약하며 오늘의 기쁨을 포기해야 하는 아이들의 처지는 안타깝습니다. 누구나 오늘 마음껏 행복해도 되는 좋은 세상이 언제나 올까요.

현재와 미래의 인과 관계

"성공하고 싶다면 포기하지 말자"

인생은 유혹으로 가득합니다. 맛있는 음식, 즐겁게 놀기, 달콤한 휴식, 감정 폭발 등의 유혹을 견디면서 사람들은 살아갑니다. 미국 LA 타임스 2015년 기사[2]를 보면 어른들이 이런저런 유혹을 참으면서 보내는 시간이 하루 평균 3시간이라고 합니다.

우리의 아이들은 더 오랜 시간 참아야 합니다. 대입 시험을 앞둔 아이들은 새벽부터 밤까지 온종일 공부하느라 갖은 유혹을 물리치고 있습니다.

어떻게 하면 유혹으로부터 자신을 지킬 수 있을까요. 달리 말해서 자기 통제력을 키우는 방법은 무엇일까요. 여기서는 구체적인 사고방식을 소개하겠습니다. "~라면 ~해야 한다"가 중요합니다. "행복한 인생을 위해서는 ~해야 한다"와 같이 생각하는 것이죠. 아이가 그런 사고방식에 푹 젖도록 훈련시켜야 합니다.

먼저 '마시멜로 실험'에 대해 알려줘야 합니다. 아주 오래된 실험이고 이미 널리 알려져 있지만, 여전히 딱 들어맞는 이야기입니다. 달리 말해서 고전이며 필수 지식이라는 뜻이죠. 이 실험에 대해서 알기만 해도 유혹을 견디는 자기 통제력이 강해지는 느낌입니다.

1960년 말 미국 심리학자 월터 미셸Walter Mischel이 달콤한 마시멜로를 이용해 아이들을 괴롭혔습니다.

"옛날에 미국에서 어린아이들을 대상으로 실험을 했어. 다섯 살 정도 된 아이들 앞에 맛있는 마시멜로를 뒀어. 아이들은 군침이 흘렀겠지. 당장 집어서 입에 넣고 싶었을 거야. 그런데 심리학자가 방을 나가면서 한 말이 아이들의 영혼을 뒤흔들었어. "지금 먹고 싶으면 마시멜로를 하나 먹어도 돼. 그런데 10분 동안 참으면 두 개를 줄게"라고 했던 거야. 어떤 아이들은 마시멜로 하나를 당장 먹어버렸고 어떤 아이들은 참았다가 두 개를 먹었지. 세월이 흐른 후 조사해보니 빨리 먹은 아이들과 기다렸다 먹은 아이들의 삶이 달랐어. 10분을 못 참고 마시멜로를 빨리 먹은 아이는 비만했고 학업 성적도 낮았어. 참았다가 두 개를 먹은 아이는 비만 비율이 낮았고 성적은 높았지. 인생에서 중요한 게 참아내는 능력이야. 오늘의 유혹을 물리쳐야 내일 더 큰 걸 얻게 돼."

마시멜로 이야기는 아이들에게 꼭 들려줘야 합니다. 유혹을 견디는 의지가 얼마나 중요한지 명쾌하게 설명하고 있기 때문입니다.

그러면 어떻게 하면 유혹을 참아낼 수 있을까요. 수없이 많은 방법이 제시되고 있지만, 마시멜로 실험을 이끌었던 학자 월터 미셸의 조언에 눈길이 갑니다.

그는 호주 언론과의 인터뷰[3]에서 아주 간단한 방법을 제시합니다. "if~ then~"이라는 생각을 해보라는 겁니다. "~라면 ~해야 한다"라는 뜻입니다. 예를 들어 볼까요?

"돈을 모으려면 오늘 지출을 참아야 한다."

"시험 잘 보기를 원한다면 지금 집중해야 한다."

"후회하기 싫다면 오늘 인내해야 한다."

"살을 빼는 게 중요하다면 저 음식을 참아야 한다."

"인생을 성공하고 싶다면 꿈을 포기하지 말아야 한다."

"~라면 ~해야 한다"는 사고방식은 현재와 미래가 인과 관계로 얽혀 있다는 걸 알게 만듭니다.

내일은 오늘의 결과입니다. 공부 안 하고 자면 내일 후회합니다. 오늘 폭식하면 내일 아침 체중계의 눈금은 신기록을 세울 것입니다. 만일 지금 화를 참으면 내일도 친구와 잘 지낼 수 있습니다. 또 간절한 꿈을 간직하면 미래에 그 꿈을 이룰 수 있습니다. 현재와 미래는 뗄 수 없는 인과 관계입니다. 그 사실을 반복적으로 알려주면 아이는 오늘의 유혹을 이겨내고 공부에 집중할 힘을 갖게 될 것입니다. "~라면 ~해야 한다"가 삶의 인과 관계를 아이 뇌리에 새길 것입니다.

의지와 집중력의 블랙홀

"스마트폰은 무서운 괴물이야"

거의 모든 아이들이 스마트폰을 가지고 있습니다. 학습 장애 원인 1위나 다름없는 기기가 모두에게 있는 것입니다. 스마트폰은 집중력과 의지력을 남김없이 빨아들이는 블랙홀입니다. 성적을 올리기 위해서는 스마트폰 관리 능력을 키워주는 게 꼭 필요합니다.

부모와 아이가 약속해서 하루에 몇 시간은 스마트폰을 방 밖에 두는 게 좋습니다. 저희 부부는 중학생 아이와 갈등하면서 관철시켰는데 쉬운 과정은 아니었습니다. 지금 생각하면 좀 더 설득력을 높일 필요가 있었어요. 더 재미있게 설득했어야 하는 겁니다.

가령 "스마트폰을 가까이 두면 공부를 못하게 된다"라는 이야기는 사실이지만 좀 건조합니다. 재미도 없어요. 재미가 없으면 설득력이 약한 것이고요. 이렇게 말했으면 더 좋았을 겁니다.

"스마트폰이 필요한 거 엄마 아빠도 알아. 친구들과 대화도 중요하지. 정보나 즐거움도 얻을 수 있어. 네가 스마트폰을 못 놓는 걸 이해한다. 그런데 말이야. 스마트폰은 정말 무서운 기계야. 눈앞에 있기만 해도 뇌를 바보로 만들어. 꺼서 엎어놔도 자꾸 신경 쓰게 만들지. 스마트폰을 책상 위에 두면 당연히 공부를 못하게 돼. 성적을 잡아먹는 괴물이 바로 스마트폰이야. 공부할 때는 스마트폰을 방 밖에 둬야 해."

근거가 있는 이야기입니다. 미국 시카고 대학교의 애드리안 F. 워드Adrian F. Ward 등이 진행한 연구[41]에 따르면 스마트폰이 눈앞에 있기만 해도 정신이 산란해집니다. 공부를 못하는 것입니다. 엎어놓거나 꺼놔도 마찬가지입니다. 책상이나 주머니에 있기만 해도, 집중력이 떨어집니다. 가장 좋은 방법은 방 밖에 두는 것입니다. 그 사실을 설득할 수 있다면, 스마트폰과 아이의 거리를 멀게 할 수 있을 것입니다.

아이가 스마트폰에 비판적 시각을 갖게 하는 또 다른 방법이 있습니다. 스마트폰을 다디단 사탕에 비유해도 됩니다.

"스마트폰은 달콤한 사탕이다. 공부는 식사야. 밥 먹으면서 사탕도 같이 먹는 사람이 있니? 아주 이상하지 않아? 공부하는 동안에는 스마트폰을 멀리해야 해. 디저트처럼 나중에 먹자. 미뤄둬야 해."

아이들은 스마트폰으로 SNS를 많이 합니다. 아이들만의 사교 방법이므로 SNS를 전면 금지할 수야 없겠죠. 그런데 규칙은 만들어야 합니다. 이를테면 SNS 사용 시간에 제한을 두는 방법을 찾아야 할 것입니다.

또 SNS로부터 자신을 보호할 방법도 가르쳐야 합니다. 스트레스 받을 포스트는 읽지 않고 피해야 한다고 알려주세요. 또 기분을 상하게 하거나 심각한 논쟁에 휘말릴 수 있는 포스트에는 절대 댓글 달지 않는다는 약속도 받아야 합니다. 불쾌한 갈등에 엮일 때 SNS는 가장 해롭습니다. 시간을 다 빨아먹고 아이의 정신적 에너지까지 빨아들이기 때문이죠. 정서적으로 좋지 않은 것은 말할 것도 없고, 성적까지 나빠질 우려가 있습니다.

같은 맥락에서 유해한 인터넷 콘텐츠를 비판적으로 판단할 시각을 심어주는 것도 필요합니다. 이렇게 말하면 어떨까요?

"너 벌레 좋아해? 싫지? 그래서 피하지? 인터넷에도 벌레 같은 게시물들이 많아. 나쁜 게시물은 피해야 해. 댓글 중에서 나쁜 것은 무시해야 해. 아니면 네가 손해를 보게 돼. 유익하고 좋은 것만 봐도 시간이 부족해."

그런데 스마트폰만 문제인 것은 아닙니다. '인강용'으로 사용하는 태블릿 PC가 있으니까요. 연대 및 고대 재학생들이 운영하는 유튜브 '연고 TV'를 보면 한 여학생이 태블릿 PC로 시간을 허비한 것을 아주 후회하더군요. 고등학교로 돌아가면 절대로 하지 않을 행동으로 꼽은 것이 바로 태블릿 PC로 놀기였습니다. 와이파이존에만 들어가면 유튜브가 되니까 아이돌 영상이나 예능 영상을 보고, 몇 가지 앱을 쓰다 보면 시간이 후딱 가버린다고 했습니다. 가장 큰 후회라고 하네요. 이런 사례도 들려주면서 태블릿 PC 사용을 자제하라고 이야기하면 효과가 있을 겁니다.

또 다른 사례도 흥미롭습니다. 수능 만점자도 공부의 최대 적이 스마트폰이라고 말합니다. 《1등은 당신처럼 공부하지 않았다》는 수능 만점자 30명을 인터뷰해서 쓴 책입니다. 저자 김도윤 씨는 수능 만점자들이 이구동성으로 말했다고 밝힙니다. 집중력 유지를 위해 스마트폰은 멀리해야 한다고요. 수능 만점자 중에서 휴대폰이 없거나 피처폰을 사용하는 비중이 무려 53%였다고 하네요.

김도윤 씨는 한 서울대 학생의 고백을 소개했는데 스마트폰이 얼마나 무서운 것인지 알 수 있습니다. 그 학생은 고등학교 때는 스마트폰을 쓰지 않았대요. 집중해서 공부할 수 있었죠. 그런데 대학생이 되어 행정고시를 준비하면서 스마트폰이 얼마나 해로운 것인지 알게 되었다고 합니다. 10분마다 스마트폰을 켜게 되어 집중이 불가능했다는 겁니다. 공부 천재도 스마트폰 앞에서 무너지는 것입니다. 스마트폰은 정말 괴물입니다.

위의 생생한 이야기들을 들려주면서 스마트폰을 멀리하는 게 필수라고 자녀를 설득해보세요. 아이가 마음으로 수긍하면 비교적 갈등 없이 스마트폰 문제를 해결할 수 있을 겁니다.

남과 다를 수 있는 용기

"공부 잘하려면 달라야 한다"

저희 아이가 중학교 때였습니다. 작은 시비 끝에 반 친구가 머리를 때렸습니다. 중간고사 중이었고 5분 후에는 시험 시작이었습니다. 소리를 지르고 성낼 만도 한 상황이었지만 저희 아이는 분노를 꾹 참았다고 했습니다. 성격 좋은 타입이 아닌데도 항의하지 않은 이유가 궁금했습니다. 아이는 초등학교 때 경험을 말하더군요. 시험 직전에 친구와 다투고 화를 냈더니 시험 시간 중에는 집중이 안 돼서 점수가 엉망으로 나왔던 기억이 있다고 했습니다. 이번에는 그런 실수를 되풀이하기 싫어서 참았다는 겁니다.

저희는 부모로서 아주 복잡한 마음이었습니다. 앞뒤 사정이야 어찌 되었건 자식이 맞았다고 하니 기분이 좋지 않았습니다. 동시에 친구 문제로 힘든 것은 아닐까, 그리고 아이가 학교 폭력을 당하면서 지내는 것은 아닐까 걱정이 되었습니다.

그런데 저희 부부가 느낀 더 큰 감정이 있었습니다. 그것은 감탄이었습니다. 아이의 자기 절제력이 그렇게 뛰어난 줄은 몰랐습니다. 놀라운 걸 넘어서 존경심이 들 정도였습니다. 분노를 누르고 이성적으로 자기 목표를 지향하는 자기 컨트롤은 사실 부모인 저희에게도 쉽지 않거든요. "훌륭하게 잘 참았다"고 칭찬해줬습니다.

그런데 싸움을 지켜본 친구들의 반응을 듣는 순간 또다시 걱정이 밀려왔습니다. 아이의 친구 중 몇몇은 그걸 왜 참았냐고 했답니다. 친한 친구 중에서도 "맞고도 참냐? 나 같으면 패 죽였다"라면서 이해할 수 없다는 표정을 지었다고 했습니다. 아이는 사실 혼란에 빠졌습니다. 자기를 때린 아이에게 대응하지 않은 게 잘한 것인지 아니면 비겁한 일인지 헷갈렸던 것이죠.

잠시 고민하던 저희는 혼란에 빠진 아이에게 이렇게 말해줬습니다.

"남과 같을 필요는 없다. 친한 친구도 너와는 다른 존재다. 너는 네가 중요하다고 생각하는 걸 택하면 된다. 너는 복수를 포기하고 성적을 택했다. 아주 잘한 것이다."

이이는 대꾸하지 않았지만 부모가 편들어주는 게 조금 힘이 되었던 것 같았습니다. 그런데 무리하게 편을 든 건 아닙니다. 저희 아이가 아니라 누구에게라도 그렇게 말했을 겁니다. 사람마다 가치가 다르니까 선택도 다를 수밖에 없다는 건 모두에게 유효한 말입니다. 나는 내가 원하는 것을 주저 없이 선택하면 되는 것입니다. 원하지 않는 걸 택한다면 나에게 해로운 결정입니다. 좋은 걸 선택하는 건 권리이자 의무입니다. 그 사실을 아이에게 꼭 알려주고 싶었습니다. 그래서 여러 가지 말을 덧붙였던 기억입니다.

"남들이 비겁하다고 욕해도 상관없다. 너 자신만 당당하면 된다."
"친구들 생각 말고, 네 생각대로 살아라."

아이들은 남과 다르지 않으려고 애를 씁니다. 외모도 행동도 입는 옷도 튀지 않아야, 보이지 않는 또래 공동체의 규칙을 지키는 것이 됩니다. 만일 규칙을 어기면 징벌이 따릅니다. 튀는 아이들은 배척을 당하는 것입니다. 그런데 옷차림이나 언행 말고도 배척의 이유가 더 있습니다. 공부를 열심히 하는 것도 문제가 됩니다. 지적하는 친구들보다 당사자가 더욱 눈치를 보게 됩니다.

예를 들어서 아이들은 친구들이 놀고 떠드는 쉬는 시간에 혼자 공부하는 걸 싫어합니다. 튀는 행동이기 때문이죠. 친구들이 놀러 가자는데 싫어도 거절하지 못하는 아이들도 적지 않습니다. 다시 친구들 틈에 끼지 못할 걸 알기 때문입니다. 수업 시간에 선생님 말씀에 적극적으로 대답하고 질문도 하는 아이들은 친구들의 눈총을 받고 힘들어합니다.

쉬는 시간과 수업 시간에 공부를 열심히 한다는 건 어려운 일입니다. '열공' 자체가 에너지가 많이 들기 때문이기도 하지만 친구들의

자기 통제력의 기반은 자기 긍정입니다.
자신의 고유한 생각이나 원칙을
강하게 긍정해야 흔들리지 않습니다.

보이지 않는 압력도 힘든 것입니다. 그래서 아이들은 친구들과 비슷해지려고 애를 씁니다. 유달리 열심히 공부하면 안 된다고 믿게 될 수 있습니다.

저희는 아이에게 이렇게 말해줬습니다.

"공부를 잘하려면 남들과는 조금 달라야 한다."

"친구들과 똑같이 놀아서는 성적이 높아지지 않는다."

친구를 경쟁자나 훼방꾼으로 생각하게 만들 수 있는 말이어서 미안했지만, 현실적이라고 판단해서 그렇게 말했습니다. 공부를 열심히 하는 게 조금도 부끄러운 게 아니라는 사실을 꼭 알려주고 싶었습니다. 남들과 달리 공부에 몰두하고 공부에 우선순위를 둬야 성적이 오른다는 현실을 아이가 모르면 안 됩니다. 그런 냉정한 세상 원리를 말해주는 것도 부모의 의무입니다.

남과 다른 자신을 긍정할 수 있다면 다른 이점도 생깁니다. 공부를 열심히 하려면 자기 통제 능력이 중요합니다. 놀고 싶어도 참고 화내고 싶은 마음도 달랠 수 있어야 하는 것이죠. 자기 통제력의 기반은 자기 긍정입니다. 자신의 고유한 생각이나 원칙을 강하게 긍정해야 흔들리지 않습니다. 외부의 자극에 쉽게 흔들리는 아이는 자기 긍정이 약합니다. "내가 틀린 것일까?"라고 자꾸만 의심하면 자기중심을 쉽게 잃고, 자기 행동을 통제할 힘도 잃게 됩니다.

남과 다른 자신에 대한 긍정, 또는 남과 다를 수 있는 용기가 필요합니다. 남들과 달리 공부를 열심히 해서 남보다 높은 성적을 얻기 위해서입니다. 물론 학교 성적이 아니더라도 남과 다를 용기는 대단히 유용합니다. 행복한 삶의 기반이 됩니다. 행복하게 살아가는 사람들의 가슴 속에는 남과 다른 자신을 긍정하는 용기가 있습니다.

'열공'을 겁내는 아이에게

"안 죽어, 딱 한 달만 해보자"

아이들은 왜 공부를 열심히 하지 않을까요. 부모들은 그 이유를 알고 있다고 생각합니다. 가령 아이의 게으른 습관이 문제라는 지적이 가능합니다. 간절한 꿈이 없는 것도 공부하지 않는 원인일 것입니다. 자기 인생에 책임감이 없다는 사실도 원인으로 들 수 있습니다. 그런데 아이들이 공부하지 않는 데는 또 다른 중요한 이유가 있습니다. 용기의 문제입니다. 아이들은 용기가 없어서 공부를 못하는 것입니다.

사람들이 새로운 일을 하지 못하는 것은 두렵기 때문입니다. 겁나고 용기도 없으니까 새로운 시도를 못하는 겁니다. 마찬가지로 아이들에게는 안 해본 공부도 무섭습니다. 공부하면서 겪게 될 다양한 정신적 고통이 공포스러운 것이죠. 가령 수학 문제집을 풀 때 느끼는 갑갑하고 절망스러운 기분이 떠오르면 무서워서 공부하기 싫어집니다. 공부를 좀 했는데도 점수가 좋게 나오지 않는 경우가 흔하니 '열공'할 엄두가 더욱 나지 않습니다. 공부는 무서운 일입니다. 감당하기 힘든 많은 고통과 절망을 주기 때문입니다.

그렇게 무서워서 아이들은 공부와 담을 쌓습니다. 그리고 그 담을 무너뜨리길 완강히 거부합니다. 담장 안에서 웅크리고 있는 게 안전하고 편안하기 때문입니다.

많은 아이들은 이렇게 용기가 없어서 '열공'에 도전하지 못합니다. 그러면 처방은 간단합니다. 무작정 단순무식 용기를 주면 됩니다.

어떻게 말할 것인가가 중요하겠죠. "너는 할 수 있어"라는 응원이 신선하지 않아서 무력합니다. "너는 안 죽어"가 훨씬 낫습니다.

"너는 강해. 공부 따위를 이겨낼 수 있어."

"걱정 마. 공부 열심히 한다고 죽지 않아."

"하다가 안 되면 집어 치우면 되지."

"공부 열심히 해봐. 딱 한 달만 해. 그때 아니다 싶으면 그만둬도 돼."

저희가 생각하기에는 위의 응원들이 아이를 자극할 수 있습니다. 용기를 키워내고 도진 욕구를 불러일으킵니다. 아울러 시간의 제한을 두는 것도 좋은 방법인 것 같아요. 딱 한 달만 열심히 해보자고 하는 겁니다. 그 한 달 후에는 어떻게 하냐고요? 아이 마음대로 하게 둘 수도 있고 아니면 또 협상하면 되겠죠. "그 어려운 걸 한 달 동안이나 하다니 대단하다. 멋있어. 한 달만 더 해볼까?"라고 말이죠. 한 달이

길면 일주일을 기한으로 잡아도 좋습니다.

"일주일 동안이나 열심히 공부했다. 너 최고다. 더 할 수 있겠니?"

"열심히 공부해도 아무렇지도 않지? 코피도 안 나고 쓰러지지도 않아. 넌 강해. 조금만 더 해보자."

저희가 동료 학부모들과 대화를 해보고 알게 된 게 있습니다. 하위권 성적인 아이들만 '열공'을 두려워하지 않습니다. 중간 수준이나 상위 성적인 아이도 마찬가지입니다. 한 단계 뛰어넘는 걸 두려워합니다. 도약을 위해서는 훨씬 더 공부해야 하니까 그에 따를 고통이 두려운 것입니다. 그런 두려움 때문에 아이들은 보통 보수적입니다. 평소 하던 공부 수준에 딱 머물러 있는 걸 편하게 생각합니다. 용기를 심어주는 말을 해주면 아이들이 '열공'에 도전할 겁니다.

미국 대통령이었던 시어도어 루스벨트는 말했습니다.

"자신의 두려움에 맞설 때마다 힘과 용기와 자신감을 얻게 된다."

누구라도 두려움으로부터 도망칠 수는 없습니다. 두려움은 귀신처럼 나를 찾아옵니다. 그렇다면 자신이 먼저 나서서 두려운 일을 해보는 게 현명합니다. 두려움에 맞서는 용기가 아이를 평생 보호할 것입니다.

'공신'의 사례를 소개할게요. 유튜버 '공부하는 의사 토리파'가 의

학전문대학원 진학 경험을 이야기할 때, 특히 영어 공부 부분이 인상적이었습니다. 두 달 동안 새벽 6시부터 저녁 11시까지 영어 공부만 했다고 합니다. 밥 먹다가 토할 정도로 스트레스가 컸다고 하네요. 하지만 죽도록 공부하기를 멈추지 않았더니 마음이 편해졌다고 합니다. '시험을 못 보면 어쩌나' 하는 잡념도 들지 않을 정도였답니다. 결과는 좋았습니다. 공부에 몰입한 덕분에 영어 토플 시험 성적이 좋게 나왔다고 합니다.

그런데 중요한 것은 영어 점수 자체가 아니라는 게 닥터 토리파의 생각입니다. 두 달 공부를 통해 얻은 성취감이나 자신감이 더 값지다는 이야기입니다. 이후 어려운 공부를 할 때도 자신감이 든든한 버팀목이 되었다고 하네요. 공부를 열심히 하면 뭐든 해낼 수 있다는 믿음은 어디에서 왔을까요. 공부를 죽도록 열심히 했던 경험이 자신감의 원천인 것입니다.

성공의 경험이 자기 유능감을 높인다고 하잖아요. 아이에게 딱 한 달이건 일주일이건 '열공'해서 작은 성취감이라도 맛보도록 돕는 게 인생에서 매우 중요합니다. 아이에게 단기간이라도 '열공'하도록 온 힘을 다해서 설득해야 합니다. 아이가 달라질 것입니다. 그 무서운 공부에 도전할 용기를 얻게 되는 것입니다.

자기 통제력을 키워주는

부모 말투

"즐거움을 오늘 누리지 말고, 나중으로 미뤄야 해.
이자가 붙어 더 커질 거야."

"너는 지금 즐거움을 느낄 거야? 아니면 나중으로 미룰 거야?
후자를 선택하는 순간 의지력이 강해진다."

"너 자신을 지배할 수 있으면, 이 세상을 지배할 수 있어."

"자신을 통제할 수 있는 사람이 가장 강하다."

"인생에서 중요한 게 참아내는 능력이야. 오늘의 유혹을 물리쳐야
내일 더 큰 걸 얻게 돼."

"공부를 잘하려면 남들과는 조금 달라야 한다."

"너 자신만 당당하면 된다. 친구들 생각 말고, 네 생각대로 살아라."

"친구들과 똑같이 놀아서는 성적이 높아지지 않아."

"스마트폰은 달콤한 사탕이다. 공부는 식사야. 밥 먹으면서 사탕도
같이 먹는 사람이 있니? 디저트는 밥 먹은 다음에 먹자."

주석

말습관 1 스스로 출발점에 서게 해주세요

1 poorvucenter.yale.edu "Encouraging Metacognition in the Classroom"
2 cambridge-community.org.uk "Getting started with Metacognition"
3 Beyond the 30-Million-Word Gap: Children's Conversational Exposure Is Associated With Language-Related Brain Function
4 The Sunday Times 2012/4/1 Should you reward your child for A grades?
5 Twelve tips to stimulate intrinsic motivation in students

말습관 2 공부를 왜 해야 하는지 알려주세요

1 The Sunday Times 2012, Should you reward your child for A grades?
2 Time 2010/4/8 "Should Kids Be Bribed to Do Well in School?"
3 Intrinsic Motivation to Learn: The Nexus between Psychological Health and Academic Success
4 www.mom-psych.com The Motivation Equation: Understanding a Child's Lack of Effort

말습관 3 튼튼한 성장 엔진을 달아주세요

1 The power of yet(ted.com), https://www.ted.com/talks/carol_dweck_the_power_of_believing_that_you_can_improve?language=en
2 news.virginia.edu 2018/11 "Growing Your Intelligence: Professor Shares the Power of Growth Mindset"

3 schoolguide.co.uk 10 proven ways to help your child do well at school.
4 Teenage pregnancy and motherhood in England: do parents' educational expectations matter?

말습관 4 '강요' 말고 '당부'해주세요

1 Strategies to Make Homework Go More Smoothly
2 www.k-state.edu Improving Your Concentration
3 www.oxfordlearning.com Why Is My Child Getting Bad Grades
4 The New York Times 1986/3/3 "Parents' Reaction to Bad Marks"

말습관 5 감정을 다독여야 공부에 몰입해요

1 Academic Success Strategies for Adolescents with Learning Disabilities & ADHD
2 www.k-state.edu Improving Your Concentration
3 psychologytoday.com "I Still Love You" and Other Messages Troubled Kids Need
4 www.sciencedaily.com Parental conflict can affect school performance
5 www.apa.org "Improving Students' Relationships with Teachers to Provide Essential Supports for Learning"
6 micheleborba.com "Cures for Kids Hooked on Rewards"
7 studentsatthecenterhub.org "On Perseverance in the Classroom"
8 The Unique Effects of Fathers' Warmth on Adolescents' Positive Beliefs and Behaviors: Pathways to Resilience in Low-Income Families

말습관 6 멀리 있는 목표를 끌어당겨주세요

1 medium.com "Teaching — It's about Inspiration, Not Information"
2 othmarstrombone.wordpress.com "How to eat 50 hot dogs in 12 minutes and why setting targets may hold back progress"

말습관 7 완전한 몰입에 이르도록 해주세요

1 www.k-state.edu/counseling Improving Your Concentration
2 Relations between Preschool Attention Span-Persistence and Age 25 Educational Outcomes
3 www. pbs.org "Tips for Helping Your Child Focus and Concentrate"
4 www.youngparents.com.sg "8 ways to help your child focus and pay attention during homework time"

말습관 8 효과적 공부법을 찾게 해주세요

1 Improving Students' Learning With Effective Learning Techniques: Promising Directions From Cognitive and Educational Psychology
2 Learning to Teaching and Teaching to Learn Mathematics
3 Reading Literary Fiction Improves Theory of Mind
4 www.psychologytoday.com "Training Working Memory: Why and How"

말습관 9 슬럼프에서 탈출하도록 도와주세요

1 Reducing the effects of stereotype threat on African American college students by shaping theories of intelligence
2 Positive Pushing: How to Raise a Successful and Happy Child
3 www.ted.com Grit: The Power of Passion and Perseverance
4 www.time.com 4 Signs You Have Grit
5 qz.com "You're no genius": Her father's shutdowns made Angela Duckworth a world expert on grit
6 The Formula: Unlocking the Secrets to Raising Highly Successful Children

말습관 10 시험을 앞둔 아이에게 말해주세요

1 Strategic Resource Use for Learning: A Self-Administered Intervention That Guides Self-Reflection on Effective Resource Use Enhances Academic Performance

2 Improving Working Memory Efficiency by Reframing Metacognitive Interpretation of Task Difficulty
3 The Irish Times 2017/5/27 "Ask the expert: How can I help son with exam stress?"
4 psychlearningcurve.org Help Your Students Believe In Themselves: Self-Efficacy In The Classroom
5 Effects of social persuasion from parents and teachers on Chinese students' self-efficacy: an exploratory study

말습관 11 유혹을 이기는 습관을 길러주세요

1 Self-Discipline Outdoes IQ in Predicting Academic Performance of Adolescents
2 latimes.com 2015/11/8 "How to improve willpower? Feed it."
3 www.businessinsider.com.au 2014/10/22 " How Self Control Leads To Success In Life, According To This Legendary Psychologist"
4 "Brain Drain: The Mere Presence of One's Own Smartphone Reduces Available Cognitive Capacity"

말투를 바꿨더니 아이가 공부를 시작합니다

1판 1쇄 발행 2020년 3월 3일
1판 7쇄 발행 2022년 10월 27일

지은이 정재영 · 이서진

발행인 양원석
편집장 차선화
디자인 어나더페이퍼
일러스트 안다연
영업마케팅 윤우성, 박소정, 정다은, 백승원

펴낸 곳 ㈜알에이치코리아
주소 서울시 금천구 가산디지털2로 53, 20층(가산동, 한라시그마밸리)
편집문의 02-6443-8861 도서문의 02-6443-8800
홈페이지 http://rhk.co.kr
등록 2004년 1월 15일 제2-3726호

ISBN 978-89-255-6910-9 (03590)

※이 책은 ㈜알에이치코리아가 저작권자와의 계약에 따라 발행한 것이므로
본사의 서면 허락 없이는 어떠한 형태나 수단으로도 이 책의 내용을 이용하지 못합니다.
※잘못된 책은 구입하신 서점에서 바꾸어 드립니다.
※책값은 뒤표지에 있습니다.